Vom Gatter zu VHDL

3. Auflage

v/d|f
vdf Hochschulverlag AG
an der ETH Zürich

Martin V. Künzli
Marcel Meli

Vom Gatter zu VHDL

Eine Einführung in die Digitaltechnik

3. Auflage

Zürcher Hochschule
für Angewandte Wissenschaften

Bibliografische Information der Deutschen Nationalbibliothek
Die Deutsche Nationalbibliothek verzeichnet diese Publikation in der Deutschen Nationalbibliografie; detaillierte bibliografische Daten sind im Internet über http://dnb.d-nb.de abrufbar.

Das Werk einschliesslich aller seiner Teile ist urheberrechtlich geschützt.
Jede Verwertung ausserhalb der engen Grenzen des Urheberrechtsgesetzes ist ohne Zustimmung des Verlages unzulässig und strafbar. Das gilt besonders für Vervielfältigungen, Übersetzungen, Mikroverfilmungen und die Einspeicherung und Verarbeitung in elektronischen Systemen.

ISBN 978 3 7281 3125 6

1. Auflage 1997
2. unveränderte Auflage 2001
3. überarbeitete und erweiterte Auflage 2007

© vdf Hochschulverlag AG an der ETH Zürich

verlag@vdf.ethz.ch
www.vdf.ethz.ch

Vorwort zur 1. Auflage

Die Digitaltechnik ist derjenige Bereich der modernen Elektronik, der in den letzten Jahren die schnellste Entwicklung erfahren hat. Entsprechend ist auch ihre Bedeutung gewachsen; sie dringt in immer weitere Bereiche des täglichen Lebens ein (Computer, Telekommunikation, Internet) und verdrängt die analoge Technik auch aus ihren angestammten Gebieten (Radio, TV, Tonträger etc.). Ein Ende dieser Entwicklung ist vorderhand nicht abzusehen. Gründe für diese einzigartige Entwicklung sind neben der einfachen und sicheren Reproduzierbarkeit der Schaltungen, neben der wegfallenden Notwendigkeit von Abgleichvorgängen vor allem die Integrierbarkeit komplexester Funktionen und die damit verbundene drastische Senkung der Produktionskosten.

Auch innerhalb der Digitaltechnik erleben wir einen schnellen Wandel, indem immer weniger Schaltungen aus Standardbauteilen (z.B. der berühmten TTL-Reihe 74xx) zusammengesetzt werden, sondern mit Softwareunterstützung in programmierbaren Bausteinen (programmable logic devices) implementiert werden. Die Schaltungsentwicklung wird schon in naher Zukunft immer mehr mit dem PC und immer weniger mit dem Lötkolben erfolgen.

Das vorliegende Buch basiert auf einem einsemestrigen Kurs "Digitaltechnik mit Praktikum", wie er seit Jahren in immer wieder aktualisierter Form am "Technikum Winterthur Ingenieurschule" (TWI) von mir gehalten wird. Es handelt sich um ein reines Lehrbuch, das auch zum Selbststudium geeignet ist. Zu diesem Zweck sind auch zahlreiche Übungsaufgaben eingestreut, deren ausführliche Lösungen in einem Anhang zu finden sind.

Das Schwergewicht dieser Einführung in die Digitaltechnik liegt dabei auf den technologieunabhängigen Methoden und Konzepten. Auf die speziellen physikalischen Eigenschaften der verschiedenen Technologien wie TTL oder CMOS wird hier nicht eingegangen; dafür existiert eine reiche weiterführende Literatur.

Im Buch werden für die logischen Verknüpfungen ausschliesslich die neuen IEC-Symbole verwendet; die älteren, teilweise in der Literatur und in Datenbüchern weiterhin verwendeten Symbole sind in einem Anhang kurz aufgeführt. Bezüglich der schaltalgebraischen Schreibweise von logischen Verknüpfungen werden von der klassischen digitaltechnischen Literatur abweichende Symbole verwendet. Damit soll der Übergang auf den rechnerunterstützten Schaltungsentwurf erleichtert werden. Die verwendeten Symbole können alle über eine Rechnertastatur eingegeben und von einem Drucker ausgedruckt werden. Die meisten der heute verwendeten einschlägigen Software-Pakete akzeptieren die hier benutzten Symbole und Schreibweisen.

Bei dieser Gelegenheit möchte ich mich auch noch ganz speziell bei meinem Sohn Simon Künzli bedanken, der noch als Gymnasiast die Rolle des Versuchskaninchens übernahm, um die Eignung des Buches für das Selbststudium zu testen. Als Student der Elektrotechnik hat er mir als kritischer Leser viele wertvolle Tips gegeben und auch viele der wohl unvermeidlichen Druckfehler aufgespürt. Von meinen Kollegen am TWI habe ich ebenfalls manchen guten Hinweis erhalten; dafür möchte ich mich besonders bei Prof. Hans Käser und bei Prof. Johannes Golder bedanken. Nicht vergessen möchte ich hier meine Studenten, die mit meinem Manuskript gearbeitet haben und denen ich auch viele (meist positive) Rückmeldungen verdanke. Zum Schluss gilt mein Dank natürlich auch dem vdf Hochschulverlag AG, der das Buch möglich gemacht hat und dem mich betreuenden Lektor, Herrn Gerd-Andreas Klasen, der mit unerschütterlicher Geduld auf weitere Fortschritte des Autors bei der Fertigstellung des Manuskriptes wartete.

Im Stillen hofft natürlich jeder Autor, dass sein Werk dereinst eine Neuauflage erleben werde; mir geht es jedenfalls so. Da das Werk mit Sicherheit noch verbessert werden kann, bin ich für jede Rückmeldung dankbar. Man erreicht mich über E-Mail unter der Adresse kn@twi.ch.

Richterswil, 14. September 1997

Martin V. Künzli

Vorwort zur 3. Auflage

Da in den letzten Jahren HDL-Sprachen und PLD-Komponenten (besonders FPGAs) deutlich wichtiger geworden sind, haben wir gewisse Anpassungen im Digitaltechnik-Unterricht machen müssen. Wir haben die wichtigen Grundlagen der Digitaltechnik belassen und darauf aufbauend VHDL eingeführt. Insbesondere wurden viele praktische Übungen mit CPLD auf Basis von VHDL ausgeführt. An der „Zürcher Hochschule für Angewandte Wissenschaften" (dazu gehört das ehemalige „Technikum Winterthur") wird jetzt der Digitaltechnik-Unterricht, je nach Hintergrund und Studiengang in ein oder zwei Semestern, besucht.

Diese Auflage spiegelt einige dieser Änderungen wieder. Beispielsweise findet man eine kleine Einführung in das Thema Hasards, wichtige Informationen über Zahlensysteme und mehr Erklärungen und Beispiele über VHDL. Die meisten Beispiele wurden für eine zu Unterrichtszwecken entwickelte CPLD-Platine geschrieben. Sie können aber mit minimalem Aufwand in anderer Umgebung eingesetzt werden.

Mein Dank gebührt mehreren Personen, die zu diesem Werk beigetragen haben:

- Den Kollegen der ZHAW, die Digitaltechnik unterrichten oder unterrichtet haben, für Anregungen, Diskussionen und Ermutigungen.
- Meinen Studenten für die vielen Ideen.
- Herrn B. Knappmann vom vdf Hochschulverlag, der mit sehr viel Geduld das Manuskript gelesen und korrigiert hat.
- Meiner Familie, die viel Geduld und Verständnis in den Ferien aufgebracht hat, wenn ich an dieser Auflage gearbeitet habe.

Für Fragen, Ergänzungen, Korrekturen bin ich unter folgender E-Mail-Adresse erreichbar: Marcel.Meli@zhaw.ch

Küsnacht, September 2007

Marcel Meli

Inhaltsverzeichnis

1. Begriffe und Definitionen 1
    1.1   Logische Zustände 1
    1.2   Darstellung logischer Verknüpfungen 2
            1.2.1 Die Wahrheits-Tabelle *2*
            1.2.2 Das Venn-Diagramm *3*
    1.3   Zahlendarstellung im Binärsystem 3
    1.4   Zahlendarstellung in Hexadezimal und Oktal 4
    1.5   Zahlenumwandlungen 5
            1.5.1 Binär zu Hexadezimal *5*
            1.5.2 Binär zu Oktal *5*
            1.5.3 Hexadezimal oder Oktal zu Binär *5*
            1.5.4 Binär zu Dezimal *6*
            1.5.5 Dezimal zu anderem System *6*
    1.6   Darstellung von gebrochenen Zahlen 7
    1.7   Darstellung negativer Zahlen 8
    1.8   Binäre Arithmetik 9
    1.9   Übungsaufgaben 13

2. Kombinatorische Logik und Schaltalgebra 15
    2.1   Der Begriff der kombinatorischen Logik 15
    2.2   Elementare logische Verknüpfungen 16
            2.2.1 Die NOT-Funktion *16*
            2.2.2 Die AND-Funktion *17*
            2.2.3 Die OR-Funktion *17*
            2.2.4 Die NAND-Funktion *18*
            2.2.5 Die NOR-Funktion *18*
            2.2.6 Die EX-OR-Funktion *19*
            2.2.7 Die EX-NOR-Funktion *19*
    2.3   Schaltalgebra 20
            2.3.1 Einführung *20*
            2.3.2 Axiome der Schaltalgebra *21*
            2.3.3 Theoreme der Schaltalgebra *22*
    2.4   Logische Funktionen und ihre Darstellung 24
            2.4.1 Die disjunktive Normalform *25*
            2.4.2 Die konjunktive Normalform *27*
    2.5   Vereinfachung logischer Funktionen 30
            2.5.1 Vereinfachung mit Hilfe der Schaltalgebra *30*

    2.5.2 Vereinfachung mit Karnaugh-Diagramm *32*
    2.5.3 Karnaugh-Diagramm für unvollständige Wahrheitstabellen 36
    2.5.4 Die Methode von Quine / McCluskey *39*
  2.6 Beispiele für kombinatorische Schaltungen 42
    2.6.1 Code-Wandler *42*
    2.6.2 Addierschaltungen *46*
    2.6.3 Multiplexer *47*
  2.7 Übungsaufgaben 50

3. Speicherbausteine **53**
  3.1 Das RS-Flip-Flop 54
    3.1.1 Das ungetaktete RS-Flip-Flop *54*
    3.1.2 Das taktzustandsgesteuerte RS-Flip-Flop *57*
    3.1.3 Das Master-Slave RS-Flip-Flop *58*
    3.1.4 Das flankengetriggerte RS-Flip-Flop *59*
  3.2 Das D-Flip-Flop 61
  3.3 Das JK-Flip-Flop 62
  3.4 Ergänzungen und Anwendungen 64
    3.4.1 Preset und Clear *64*
    3.4.2 Der Takt *65*
    3.4.3 Gebräuchliche Typen *66*
    3.4.4 Anwendungs-Beispiele *67*
  3.5 Übungsaufgaben 69

4. Zähler **71**
  4.1 Synchrone Zähler 72
    4.1.1 Elektronischer Würfel (Version 1) *72*
    4.1.2 Elektronischer Würfel (Version 2) *77*
    4.1.3 Dekadenzähler mit D-Flip-Flops *80*
    4.1.4 Binärzähler *81*
  4.2 Asynchrone Zähler 82
    4.2.1 Asynchroner Dekadenzähler *83*
  4.3 Übungsaufgaben 88

5. Register und Schieberegister **91**
  5.1 Schieberegister 92
    5.1.1 Grundschaltung *92*
    5.1.2 Universelle Schieberegister *93*
  5.2 Rückgekoppelte Schieberegister 95
    5.2.1 Grundlagen *95*
    5.2.2 Ringzähler *96*
    5.2.3 Johnson-Zähler *100*

	5.2.4 Lineare Schieberegister 102
5.3	Übungsaufgaben 104

6. Automaten 106
6.1	Der Moore-Automat 107
6.2	Synchronisierschaltungen 113
	6.2.1 Synchronisation von Impulsen 113
	6.2.2 Synchrones Monoflop 114
	6.2.3 Synchroner Änderungsdetektor 114
	6.2.4 Synchroner Taktumschalter 115
	6.2.5 Normierschaltung 116
6.3	Der Mealy-Automat 117
6.4	Übungsaufgaben 126

7. Programmierbare Logik 128
7.1	Programmierbare Speicher 128
7.2	PAL-Bausteine 131
7.3	PLA-Bausteine 133
7.4	Die GAL-Architektur 136
	7.4.1 Übersicht über das GAL16V8 137
	7.4.2 Die Output Logic Macro Cell (OLMC) 141
	7.4.3 Die Programmierung 143
	7.4.4 Die Architektur des GAL22V10 146
7.5	Komplexere Bausteine 148
	7.5.1 CPLD (Complex Programmable Logic Devices) 148
	7.5.2 FPGA (Field Programmable Gate Array) 149

8. Rechnerunterstützter Schaltungsentwurf 152
8.1	Entwurf und Programmierung 152
8.2	Klassische Entwurfs-Software 153
8.3	VHDL 154
8.4	Schaltungsentwicklung mit VHDL 156
	8.4.1 Editieren (Design Entry) 156
	8.4.2 Kompilieren 157
	8.4.3 Simulieren 157
	8.4.4 Synthese 157
	8.4.5 Programmieren 157
8.5	Programmierung von Schaltungen 158
	8.5.1 Prinzip des Programmiervorgangs 158
	8.5.2 Programmiergeräte 159
	8.5.3 In System Programming 160

9. Hasards 162
- 9.1 Definition 163
- 9.2 Beispiele 163
  - *9.2.1 Einfache Hasards der Konjunktiv-Form 163*
  - *9.2.2 Einfache Hasards der Disjunktiv-Form 163*
  - *9.2.3 Beispiel mit 3 Eingängen 164*
  - *9.2.4 Beispiel mit 4 Eingängen 165*
- 9.3 Klassifizierung 165
  - *9.3.1 Statische Hasards (Ausgang soll statisch bleiben) .. 165*
  - *9.3.2 Dynamische Hasards 166*
  - *9.3.3 Logikhasards 166*
  - *9.3.4 Funktionshasards 166*
- 9.4 Konsequenzen und Vermeidung von Hasards 169
  - *9.4.1 Vermeidung von Logikhasards 169*
  - *9.4.2 Vermeidung von Funktionshasards 169*
- 9.5 Übungen 172

10. Einführung in VHDL 173
- 10.1 Aufbau einer VHDL-Schaltungsbeschreibung 173
  - *10.1.1 Schnittstellenbeschreibung (Entity) 173*
  - *10.1.2 Die Funktionsbeschreibung (Architecture) 174*
- 10.2 Grundelemente von VHDL 174
  - *10.2.1 Bezeichner (Identifier 174*
  - *10.2.2 Kommentare 175*
  - *10.2.3 Daten-Objekte 175*
  - *10.2.4 Daten-Typen 176*
  - *10.2.5 Operatoren 177*
  - *10.2.6 Weitere Sprachkonstrukte 182*
- 10.3 Entwurfsbeispiele 184
  - *10.3.1 Decodierer für einen Hex-Tastaturblock 184*
  - *10.3.2 Realisierung eines JK-Flip-Flops 188*
  - *10.3.3 Elektronischer Würfel (Version 3) 191*
  - *10.3.4 Binärzähler 193*
- 10.4 Übungsaufgaben 194

11. Mehr über VHDL 195
- 11.1 Mehr über Datentypen und Operatoren 195
  - *11.1.1 Extended-Data-Typen 195*
  - *11.1.2 Concatenation (Verkettung, Verknüpfung) 196*
  - *11.1.3 Aggregates 197*
  - *11.1.3 Slices 197*
  - *11.1.4 Aliases 197*

	11.2	Simulation	198
		11.2.1 Befehle für Simulation	198
		11.2.2 Strukturelle Beschreibung	201
	11.3	Modellierung von Automaten	203
		11.3.1 Grundgedanken, Initialisierung	203
		11.3.2 Moore/Mealy	205
	11.4	Mehr Beispiele	214

Symbole und Anschlussbilder **225**
  IEC-Symbole und Anschlussbilder 225
  Ältere Symbole 227

Lösungen der Aufgaben **229**

1

Begriffe und Definitionen

1.1 Logische Zustände

Die Digitaltechnik befasst sich mit Signalen (oder Informations-Trägern), die nur gerade zwei Werte annehmen können. Diese Werte werden mit **1** (oder WAHR bzw. TRUE) oder **0** (oder FALSCH bzw. FALSE) bezeichnet. Ein solches logisches Signal enthält also eine logische Aussage; es ist entweder WAHR oder FALSCH.

Im Allgemeinen werden diese *logischen Signale* in der Praxis durch entsprechende *physikalische Signale* (z.B. Spannung, Strom, Druck etc.) repräsentiert. Zur Beschreibung dieser physikalischen Zustände werden manchmal Begriffe wie HIGH und LOW verwendet. Diese Begriffe beschreiben aber nur physikalische Zustände und müssen den logischen Zuständen erst zugeordnet werden. Davon wird später noch ausführlicher die Rede sein. Im Moment ist es wichtig, dass man sich der Tatsache bewusst ist, dass ein Unterschied zwischen logischen und physikalischen Zuständen besteht.

1.2 Darstellung logischer Verknüpfungen

1.2.1 Die Wahrheits-Tabelle

Die Wahrheits-Tabelle (engl. *truth table*) ist eine Möglichkeit, eine logische Aussage in übersichtlicher Form schematisch darzustellen. Machen wir ein einfaches Beispiel einer solchen logischen Aussage:

Eine Grösse Y soll dann und nur dann wahr sein, wenn die Grösse A wahr ist und gleichzeitig die Grösse B nicht wahr ist. In allen anderen Fällen soll Y falsch sein.

In der Wahrheitstabelle (Abb. 1) werden links alle möglichen Kombinationen der Eingangsgrössen A und B aufgelistet. Bei n Eingangsgrössen sind das 2^n Kombinationen. Zweckmässigerweise erfolgt diese Auflistung in der natürlichen Reihenfolge der als Binärzahlen aufgefassten Eingangskombinationen. In der rechten Spalte wird jeweils der Wert der Ausgangsgrösse Y für die entsprechende Kombination der Eingangsgrössen angegeben. In unserem Beispiel ist Y wahr (= 1), wenn A wahr (= 1) ist und B nicht wahr (= 0) ist. Dieser Fall ist auf der dritten Zeile zu finden. In allen anderen Fällen ist Y nicht wahr (= 0). Falls mehrere Ausgangsgrössen von den gleichen Eingangsgrössen abhängen, kann eine Wahrheitstabelle auch mehrere Spalten für Ausgangsgrössen haben.

A	B	Y
0	0	0
0	1	0
1	0	1
1	1	0

Abb. 1: Beispiel einer Wahrheitstabelle

Für viele Eingangssignale wird die Wahrheitstabelle enorm gross (Beispiel: 10 Eingangsgrössen verlangen eine Wahrheitstabelle mit $2^{10} = 1024$ Zeilen; ausgedruckt würde das etwa 17 A4-Seiten entsprechen.

1.2.2 Das Venn-Diagramm

Das Venn-Diagramm ist ein anderes, der Mengenlehre entlehntes Verfahren zur grafischen Darstellung von logischen Verknüpfungen.

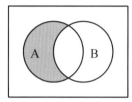

Abb. 2: Beispiel eines Venn-Diagramms für zwei Variablen

Innerhalb des Kreises A ist A wahr; Analoges gilt für den Kreis B. Die beiden Kreise teilen die gesamte Fläche in vier Teilflächen. Jede dieser Teilflächen entspricht einer Zeile der Wahrheitstabelle. Jede Teilfläche, für die die Ausgangsgrösse Y wahr ist, wird nun schraffiert dargestellt. Venn-Diagramme können mit vernünftigem Aufwand für bis zu drei Eingangssignale gezeichnet werden. Sie sind in vielen Fällen ein anschauliches Hilfsmittel bei der Analyse wie auch bei der Synthese von logischen Systemen.

1.3 Zahlendarstellung im Binärsystem

Üblicherweise werden Zahlen durch Folgen von Ziffern dargestellt. Dabei hat jede Ziffer, bestimmt durch ihren Platz, einen Stellenwert. Dieser Stellenwert ist eine Potenz zur Basis des Zahlsystems. Im täglichen Leben geben wir Zahlen im Dezimalsystem an; die Basis dieses Zahlsystems ist 10, die Stellenwerte sind also Zehnerpotenzen. Betrachten wir als Beispiel die Zahl 13:

$$13 = 1\cdot 10^1 + 3\cdot 10^0 = 1\cdot 10 + 3\cdot 1 = 10 + 3$$

In der gleichen Art und Weise können wir natürlich Zahlen auch im Binärsystem (oder Dualsystem) darstellen, einem Zahlsystem also, das die Zweierpotenzen verwendet. Die gleiche Dezimalzahl 13 würde im Binärsystem wie folgt dargestellt:

$$13_D = 1101_B = 1\cdot 2^3 + 1\cdot 2^2 + 0\cdot 2^1 + 1\cdot 2^0 = 1\cdot 8 + 1\cdot 4 + 0\cdot 2 + 1\cdot 1 = 8 + 4 + 1$$

Eine einzelne Ziffer im Binärsystem kann also nur die Werte 1 oder 0 haben; sie wird auch **Bit** genannt (Abkürzung des englischen Begriffes *binary digit* = binäre Ziffer). Aus der Computertechnik stammen die in der Digitaltechnik auch ab und zu verwendeten Begriffe **Byte** (für eine aus acht Bits bestehende Binärzahl) und **Word** (für eine aus 16 Bits bestehende Zahl).

Die Wertigkeit einer Ziffer ist umso höher, je weiter links sie steht. Aus diesem Grund wird oft die am weitesten links stehende Ziffer als **MSB** (*most significant bit*), die am weitesten rechts stehende Ziffer als **LSB** (*least significant bit*) bezeichnet.

Manchmal werden Binärzahlen in Gruppen von 4 Bits betrachtet. Man redet von einem Nibble. Ein Byte besteht aus 2 Nibbles: ein *Most Significant Nibble* (die 4 Bits, die am weitesten links stehen) und ein *Least Significant Nibble* (die 4 Bits, die am weitesten rechts stehen).

Diese Beziehungen sind für die Digitaltechnik deshalb von Bedeutung, weil man sehr häufig eine Folge von binären Ziffern, die an sich z.B. nur einige logische Zustände darstellen, als binäre Zahl interpretiert. Auf diese Weise kann man manchmal Zusammenhänge etwas kürzer oder eindeutiger beschreiben, auch wenn diese Bits im Grunde genommen gar nichts mit Zahlen zu tun haben und jedes Rechnen mit ihnen völlig sinnlos wäre.

1.4   Zahlendarstellung in Hexadezimal und Oktal

Neben den Zahlendarstellungen im Binärsystem und im Dezimalsystem gibt es auch zwei andere Systeme, die oft in der Computertechnik vorkommen.

Das Oktalsystem, mit Basis 8 und Zahlenkoeffizienten (Ziffern) zwischen 0 und 7

$$175_O = 1·8^2 + 7·8^1 + 5·8^0 = 64 + 56 + 5 = 125$$

Das Hexadezimalsystem mit Basis 16 und Zahlenkoeffizienten zwischen 0 und 15. Hexadezimalziffern mit Wert 10 bis 15 werden mit alphabetischen Buchstaben A bis F dargestellt.

$$5BF_H = 5·16^2 + B·16^1 + F·16^0 = 1280 + 176 + 15 = 1471$$

Allgemein kann man für positive Ganzzahlen schreiben:

$$Z_S = k_n·S^n + k_{n-1}·S^{n-1} + ... + k_1·S^1 + k_0·S^0$$

S ist die Basis des Zahlensystems (S >= 2)
k_n, ..., k_0 sind Zahlenkoeffizienten (0 <= k_n < S)

Je kleiner die Basis, desto höher die Anzahl Ziffern, die nötig sind, um eine Zahl darzustellen. Da jede Ziffer im Oktalsystem (resp. Hexadezimalsystem) genau mit 3 Bit (resp. 4 Bit) dargestellt werden kann, werden oft hexadezimale oder oktale Zahlen gebraucht, um die Darstellung von grossen Binärzahlen zu vereinfachen.

$$110101101001_B = 6551_O = D69_H$$

1.5 Zahlenumwandlungen

1.5.1 Binär zu Hexadezimal

Um Binärganzzahlen in Hexadezimalzahlen umzuwandeln, beginnt man mit dem LSB und bildet Gruppen von 4 Bits. Jede Gruppe wird dann in Hexadezimal geschrieben. Fehlende Bits werden durch 0 ersetzt.

$$\underline{101}1\underline{1000}010_B = BC2_H$$

4 Bit sind gruppiert für jede hexadezimale Ziffer.

1.5.2 Binär zu Oktal

Dasselbe gilt für Umwandlungen von binär zu oktal, nur werden hier Gruppen von 3 Bits gebildet.

$$101\underline{111}000\underline{010}_B = 5702_H$$

3 Bit sind gruppiert für jede Oktalziffer.

1.5.3 Hexadezimal oder Oktal zu Binär

Um Hexadezimal- oder Oktalganzzahlen binär zu schreiben, wird jede Ziffer durch sein 4- oder 3-Bit-Äquivalent im Binärsystem ersetzt.

$$7610_O = 111\ 110\ 001\ 000_B$$

$$EF81_H = 1110\ 1111\ 1000\ 0001_B$$

1.5.4 Binär zu Dezimal

Um eine Binärzahl in eine Dezimalzahl umzuwandeln, wird jede Ziffer mit der richtigen Zweierpotenz multipliziert und schlussendlich alles addiert.

$$1101_B = 1 \cdot 2^3 + 1 \cdot 2^2 + 0 \cdot 2^1 + 1 \cdot 2^0 = 1 \cdot 8 + 1 \cdot 4 + 0 \cdot 2 + 1 \cdot 1 = 8 + 4 + 1 = 13_D$$

Da diese Methode bei grossen Zahlen umständlich werden kann, wird oft das Horner-Schema verwendet, um die Anzahl von Multiplikationen zu reduzieren. Eine Serie von Multiplikationen (mal Basis) und Additionen (+ Ziffer) wird von MSB bis LSB durchgeführt. Der nächste Ziffer (Richtung LSB) wird mit dem Resultat summiert und das Ganze mit der Basis (2) multipliziert, bis der LSB erreicht ist.

$$1101_B = (((1 \cdot 2 + 1) \cdot 2 + 0) \cdot 2) + 1 = 13_D$$

Diese Methode wird auch angewendet, um Zahlen von anderen Systemen ins Dezimalsystem umzuwandeln.

$$F45A_H = (((F \cdot 16 + 4) \cdot 16 + 5) \cdot 16) + A = (((15 \cdot 16 + 4) \cdot 16 + 5) \cdot 16) + 10 = 62554_D$$

1.5.5 Dezimal zu anderem System

Um eine Dezimalzahl Z in ein anderes Zahlensystem S umzuwandeln, wird die Division mit Rest angewendet. Z wird durch S dividiert, bis keine ganzzahligen Ergebnisse mehr möglich sind. Die gesuchte Zahl in Basis S besteht aus Divisionsresten. Der Rest von der letzten Division ist die Ziffer mit höchstem Stellenwert und der Rest von der ersten Division ist die Ziffer mit niedrigstem Stellenwert.

Beispiel der Umwandlung von dezimal zu binär (Division durch 2).

$$
\begin{aligned}
47_D &= 101111_B \\
47 : 2 &= 23 \quad \text{Rest 1 (LSB)} \\
23 : 2 &= 11 \quad \text{Rest 1} \\
11 : 2 &= 5 \quad \text{Rest 1} \\
5 : 2 &= 2 \quad \text{Rest 1} \\
2 : 2 &= 1 \quad \text{Rest 0} \\
1 : 2 &= 0 \quad \text{Rest 1 (MSB)}
\end{aligned}
$$

Beispiel der Umwandlung von dezimal zu hexadezimal (Division durch 16).

$$453_B = 1C5_B$$
$$453 : 16 = 28 \quad\quad \text{Rest } 5$$
$$28 : 16 = 1 \quad\quad \text{Rest } 12 \text{ (C)}$$
$$1 : 16 = 0 \quad\quad \text{Rest } 1$$

1.6 Darstellung von gebrochenen Zahlen

Gebrochene Zahlen bestehen aus einem Vorkommateil und einem Nachkommateil. Für die Darstellung des Vorkommateils gelten die gleichen Regeln wie für Ganzzahlen. Der Nachkommateil kann auch als Summe von Potenzen geschrieben werden. Dabei werden 2^{-1} (0.5), 2^{-2} (0.25), 2^{-3} (0.125) ... 2^{-m} ($1/2^m$) verwendet, um Zahlenkoeffizienten zu multiplizieren.

$$9.625_D = 1001.101_B = 8 + 1 + 0.5 + 0.125$$

Allgemein kann man für gebrochene Zahlen im Binärsystem schreiben:

$$Z_S = k_n \cdot S^n + k_{n-1} \cdot S^{n-1} + \ldots + k_1 \cdot S^1 + k_0 \cdot S^0 + k_{-1} \cdot S^{-1} + k_{-2} \cdot S^{-2} + \ldots + k_{-m} \cdot S^{-m}$$

Um gebrochene Zahlen von Binär zu Dezimal umzuwandeln, wird der Vorkommateil zuerst umgewandelt wie oben erklärt. Der Nachkommateil wird anschliessend umgewandelt und beide Resultate werden aneinander gehängt.
Die Umwandlung des Nachkommateil verläuft ähnlich wie für Ganzzahlen mit den folgenden Unterschieden.

- Es wird durch 2 dividiert (anstatt Multiplikation mit 2).
- Es wird mit dem LSB von Nachkommateil angefangen.
- Es wird dividiert und addiert bis der erste Bit nach dem Komma (als 0 gesehen) erreicht ist.

$$0.1101_B = ((((1:2 + 0):2) + 1):2 + 1):2 + 0 = 0.8125_D$$

$$101101.1001_B = 101101_B + 0.1001_B = 45_D + 0.5625_D = 45.5625_D$$

Um gebrochene Dezimalzahlen in Binärzahlen umzuwandeln, können auch die zwei Vor- und Nachkommateile separat behandelt werden. Was für Ganzzahlen erklärt wurde, gilt für den Vorkommateil.

8   Begriffe und Definitionen

Eine fortgesetzte Multiplikation wird gebraucht, um den Nachkommateil umzuwandeln. Sie wird mit der Basis multipliziert und der ganzahlige Teil des Resultates als nächste Ziffer in der neuen Basis betrachtet. Der Nachkommateil des Resultates wird wieder mit der Basis multipliziert, usw. bis es keinen Nachkommateil mehr gibt oder bis die gewünschte Genauigkeit erreicht ist.

Umwandlung von gebrochenen Zahlen von dezimal zu binär:

$0.828125_D = 0.110101_B$

$0.828125 \cdot 2$	$= 1 + 0.65625$	Ziffer 1 (MSB)
$0.65625 \cdot 2$	$= 1 + 0.3125$	Ziffer 1
$0.3125 \cdot 2$	$= 0 + 0.625$	Ziffer 0
$0.625 \cdot 2$	$= 1 + 0.25$	Ziffer 1
$0.25 \cdot 2$	$= 0 + 0.5$	Ziffer 0
$0.5 \cdot 2$	$= 1 + 0$	Ziffer 1 (LSB)

1.7   Darstellung negativer Zahlen

Computer arbeiten oft mit Gruppen von Bits, die eine feste Grösse haben. Diese Gruppen von Bits können gebraucht werden, um verschiedene Sets darzustellen. Zahlen, Charakter, Farben, ... usw. Man wird zum Beispiel von 8-Bit-Zahlen oder 16-Bit-Zahlen reden. Diese Zahlen werden mit 8 Bits (resp. 16 Bits) dargestellt. Je höher die Anzahl von Bits, desto grösser das Set, welches dargestellt werden kann. Mit n Bits hat man 2^n Möglichkeiten, d.h. für positive Zahlen z.B. kann ein Wertebereich von 0 bis 2^n-1 dargestellt werden.

Da in der Computertechnik oft mit positiven und negativen Zahlen gearbeitet wird, ist es wichtig zu wissen, wie sie dargestellt werden. Es gibt verschiedene Methoden, aber die meisten Computer verwenden heute die Zweierkomplement-Darstellung (ZK).

Um das ZK einer Zahl zu bilden, wird diese zuerst invertiert (0 wird 1 und 1 wird 0) und um 1 erhöht. Das Resultat einer nur bitweisen Invertierung nennt man auch Einerkomplement (EK). ZK = EK + 1

In der ZK-Darstellung wird das MSB als Vorzeichen verwendet. Ein MSB von 0 ist für positive Zahlen und 1 für negative Zahlen. Es folgen einige Beispiele für eine 4-Bit-Darstellung:

ZK von 0001_B (+ 1_D) = 1110 + 1 = 1111_B (-1_D)
ZK von 0101_B (+ 5_D) = 1010 + 1 = 1011_B (-5_D)
ZK von 0000_B (+ 0_D) = 1111 + 1 = 0000_B (4-Bit-Darstellung) (0_D)
ZK von 1001_B (- 7_D) = 0110 + 1 = 0111_B (+7_D)

Bei der ZK-Darstellung wird eine Hälfte für positive Zahlen gebraucht (inklusive 0) und die andere Hälfte für negative Zahlen.
Der Wertebereich ist -2^{n-1} ... 0 ... $+2^{n-1}-1$

Anzahl von Bits	Wertebereich für vorzeichenlose Zahlen	Setgrösse	Wertebereich für vorzeichenbehaftete Zahlen
3	0 bis 7	8	-4 bis +3
4	0 bis 15	16	-8 bis +7
8	0 bis 255	256	-128 bis +127
16	0 bis 65535	65536	-32768 bis +32767

Tab.1: *Wertebereich und Anzahl von Bits in Zahldarstellung*

Binär	000	001	010	011	100	101	110	111
Vorzeichenlose	0	1	2	3	4	5	6	7
Vorzeichenbehaftete	0	+1	+2	+3	-4	-3	-2	-1

Tab.2: *Zahlen in 3-Bit Darstellung*

1.8 Binäre Arithmetik

Arithmetische Operationen sind in fast allen Computern zu finden. Sie werden meistens auf Hardwareebene im Binärsystem ausgeführt und anschliessend so dargestellt, dass wir die Resultate verstehen können. In diesem Teil lernen wir, wie man im Binärsystem addieren und subtrahieren kann. Es ist wichtig, um die Realisierung von arithmetischen Einheiten mit Digitaltechnik zu verstehen.

Addition und Subtraktion von Binärzahlen erfolgen ähnlich wie im Dezimalsystem. Die Operationen beginnen mit den LSBs, und der Übertrag (engl. Carry) oder die Entlehnung (engl. Borrow) wird an die nächste Operationsstufe weitergeleitet.

Falls das Resultat am Ende nicht mit der Anzahl von Bits, die zur Verfügung stehen, dargestellt werden kann, soll ein Warnbit gegeben werden.

Für Operationen mit vorzeichenlosen Zahlen wird diese Warnung Carry (Addition) oder Borrow (Subtraktion) genannt.

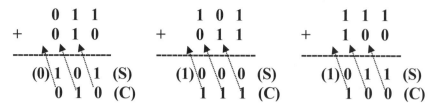

Abb. 3: *Addition von vorzeichenlosen 3-Bit-Zahlen*

Für Operationen mit vorzeichenbehafteten Zahlen wird die ZK-Darstellung gebraucht. Eine Bereichsverletzung wird mit dem Overflowbit angezeigt. Dies geschieht, falls das Resultat mit der gegebenen Anzahl Bits in ZK nicht richtig dargestellt werden kann. Es bedeutet auch, dass das Vorzeichen des Resultates falsch ist.

Um die Erklärungen an Hand von Beispielen nachzuvollziehen, ist der 3-Bit-Zahlenring hilfreich (Abb. 4).

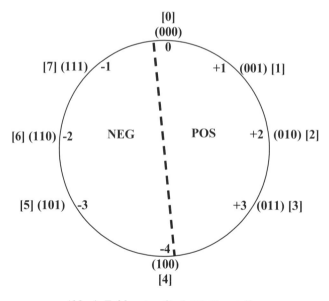

Abb. 4: *Zahlenring für 3-Bit-Darstellung*

Mit 3 Bits kann man vorzeichenlose Zahlen zwischen 0 und 7 darstellen (in [] geschrieben). In diesem Bereich kann man auch ZK vorzeichenbehaftete Zahlen von +3 bis 0 (positive) und von -1 bis -4 (negative) darstellen (im Ring).

Binäre Arithmetik

A	B	A + B		A - B		Dezimal (A + B)	Dezimal (A - B)
		Übertrag	Summe	Entlehnung	Differenz		
0	0	0	0	0	0	0 + 0 = 0	0 - 0 = 0
1	0	0	1	0	1	0 + 1 = 1	1 - 0 = 1
0	1	0	1	1	1	1 + 0 = 1	0 - 1 = -1
1	1	1	0	0	0	1 + 1 = 2	0 - 0 = 0

Tab.3: 1-Bit Addition und Subtraktion

A	B	A + B		Dezimal	A - B	Dezimal	
		C	S		B	D	C = Übertrag (Carry), S = Summe, D = Differenz, B = Entlehnung (Borrow)
010	001	0	011	2 + 1 = 3 Richtig	0	001	2 - 1 = 1 Richtig	Resultate sind in Ordnung
010	100	0	110	2 + 4 = 6 Richtig	1	110	2 - 4 = 6 Falsch	B > A, Ausleihe nötig für A - B
110	001	0	111	6 + 1 = 7 Richtig	0	101	6 - 1 = 5 Richtig	Resultate sind in Ordnung
100	101	1	001	4 + 5 = 1 Falsch	1	111	4 - 5 = 7 Falsch	B > A, Ausleihe nötig für A - B; 4 + 5 = 9 Zu gross für 3 Bits
111	011	1	010	7 + 3 = 2 Falsch	0	100	7 - 3 = 4 Richtig	7 + 3 = 10 Kann nicht mit 3 Bits dargestellt werden
100	100	1	000	4 + 4 = 0 Falsch	0	000	4 - 4 = 0 Richtig	4 + 4 = 8 Resultat kann mit 3 Bits nicht dargestellt werden

Tab.4: Beispiele von Addition und Subtraktion mit vorzeichenlosen 3-Bit-Zahlen

A	B	A + B		Dezimal	A - B	Dezimal	
		O	S		O	D	S und D wie oben, O = Übertrag (Overflow)
010	001	0	011	+2 + +1 = +3 Richtig	0	001	+2 - +1 = +1 Richtig	Resultate sind in Ordnung
010	011	1	101	+2 + +3 = +5 Falsch	0	111	+2 - +3 = -1 Richtig	A und B positiv, aber A + B im negativen Bereich
110	111	0	101	-2 + -1 = -3 Richtig	0	111	-2 - -1 = -1 Richtig	Resultate sind in Ordnung
100	101	1	001	-4 + -3 = +1 Falsch	0	111	-4 - -3 = -1 Richtig	-4 und -3 sind negativ, aber -4 + -3 (+1) im positiven Bereich
111	011	0	010	-1 + +3 = +2 Richtig	0	100	-1 - +3 = -4 Richtig	
100	100	1	000	-4 + -4 = 0 Falsch	0	000	-4 - -4 = 0 Richtig	A und B negativ, aber A + B im positiven Bereich (0)

Tab.5: Beispiele von Addition und Subtraktion mit vorzeichenbehafteten 3-Bit-Zahlen

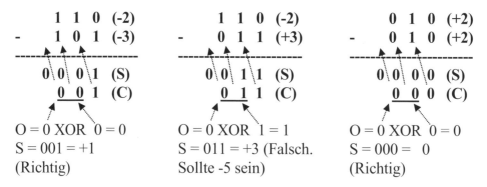

Abb. 5: *Berechnung des Übertrags bei vorzeichenbehafteter Subtraktion.*

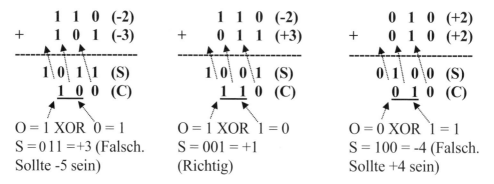

Abb. 6: *Berechnung des Übertrags bei vorzeichenbehafteter Addition.*

Zusammenfassung für ein System mit n Bits:
- Ein Übertragsbit mit Wert 1 wird generiert für die Addition von 2 vorzeichenlosen Zahlen, wenn das Resultat mehr als n Bits benötigt.
- Ein Entlehnungsbit mit Wert 1 wird generiert für die Subtraktion zwischen 2 vorzeichenlosen Zahlen, wenn der Minuend kleiner als der Subtrahend ist (Resultat ist negativ).
- Das Resultat der Addition von 2 Zahlen mit unterschiedlichem Vorzeichen oder Subtraktion zwischen 2 Zahlen mit gleichem Vorzeichen ist immer gültig.

Der Übertrag bei vorzeichenbehafteter Addition oder Subtraktion kann berechnet werden. Es ist das XOR der beiden letzten Übertragergebnisse, wenn die einzelnen Bits addiert oder subtrahiert werden.

1.9 Übungsaufgaben

1.1 Man wandle folgende Dezimalzahlen in binäre 8-Bit-Zahlen um.

87
134
216
23
78

1.2 Man wandle folgende binären Zahlen in dezimale, hexadezimale und oktale Zahlen um.

00110101
01101010
10000001
10111011
11011110

1.3 Man zeichne einen 4-Bit-Zahlenring mit vorzeichenlosen und vorzeichenbehafteten-Zahlen.

1.4 Man berechne folgende Operationen (hexadezimale 8-Bit-Zahlen) für vorzeichenlose und vorzeichenbehaftete Zahlen. Overflow-Bit und Carry oder Borrow (je nach Operation) sollen auch berechnet werden.

F2 + A3   F2 - A3   A3 - F2
62 + 2C   62 - 2C   2C - 62
35 + 50   35 - 50   50 - 35
01 + F3   01 - F3   F3 - 01
80 + 03   80 - 03   03 - 80
70 + A7   70 - A7   A7 - 70

2

Kombinatorische Logik und Schaltalgebra

2.1 Der Begriff der kombinatorischen Logik

Ein allgemeines digitales System besitze mehrere Eingangsgrössen X_1, X_2, ... und eine oder auch mehrere Ausgangsgrössen Y_1, Y_2, ...

Abb. 7: Allgemeines digitales System

Zunächst soll der Begriff „kombinatorisch" definiert werden:

16 Kombinatorische Logik und Schaltalgebra

> Ein System wird dann kombinatorisch genannt, wenn die Ausgangsgrössen (= logische Funktionen der Eingangsgrössen) zur Zeit t_0 nur von den Werten der Eingangsgrössen zur selben Zeit t_0 abhängig sind, d.h. wenn das System kein Gedächtnis hat.

Im Folgenden wollen wir einige Gesetzmässigkeiten und Definitionen anhand einfacher logischer Systeme herleiten; eine Erweiterung auf grössere Systeme erfolgt später.

2.2 Elementare logische Verknüpfungen

In diesem Abschnitt wollen wir einige elementare logische Verknüpfungen wie die Inversion, die AND-Verknüpfung, die OR-Verknüpfung etc. untersuchen. Dabei wollen wir auch die betreffenden Symbole und Schreibweisen einführen. Wie bereits erwähnt, unterscheiden sich die hier verwendeten Schreibweisen unter Umständen von den in der Literatur gebräuchlichen. Dies geschieht mit Absicht. Die an dieser Stelle verwendeten Schreibweisen erleichtern später den Übergang zum rechnergestützten Schaltungsentwurf und zwingen im Übrigen auch zu grösserer Disziplin, was aber langfristig der Klarheit zugute kommt.

2.2.1 Die NOT-Funktion

Die NOT-Funktion wird auch *Inversion* oder *Negation* genannt. Sie ist die einzige logische Verknüpfung, die auf eine einzelne Eingangsgrösse anwendbar ist. Ihre Definition ist im Folgenden ersichtlich:

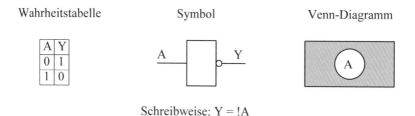

Abb. 8: Grundbeziehungen der Negation

Das hier verwendete Ausrufezeichen wird auch z.B. in der Programmiersprache C als Symbol für die Negation verwendet. In der Literatur werden die negierten Ausdrücke meistens durch Überstreichen gekennzeichnet; manchmal wird auch das in der Mathematik übliche Negationszeichen verwendet: $\neg A$. Gebräuchlich ist auch die Schreibweise $Y = /A$.

2.2.2 Die AND-Funktion

Die AND-Funktion wird auch **Konjunktion** genannt. Bei der AND-Verknüpfung ist das Resultat wahr, wenn alle Eingangsgrössen wahr sind. In der folgenden Darstellung beschränken wir uns auf zwei Eingangsgrössen; eine Erweiterung auf beliebig viele Eingangsgrössen ist aber ohne Weiteres möglich.

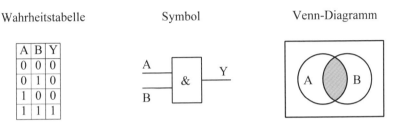

Abb. 9: *Grundbeziehungen der AND-Funktion*

In der Literatur wird anstelle des &-Zeichens in der Regel das Symbol ∧ oder der Multiplikationspunkt verwendet.

2.2.3 Die OR-Funktion

Die OR-Funktion wird auch als **Disjunktion** bezeichnet. Bei der OR-Verknüpfung ist das Resultat wahr, wenn mindestens eine der Eingangsgrössen wahr ist. Es handelt sich also nicht um ein ausschliessendes Oder, wie es im täglichen Leben häufig gemeint ist (entweder ... oder). Dieser Zusammenhang wird auch im Bezeichner "≥1" im Symbol deutlich.

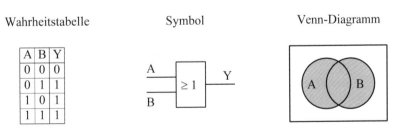

Abb. 10: *Grundbeziehungen der OR-Funktion*

In der Literatur werden anstelle des #-Zeichens in der Regel die Symbole + oder ∨ verwendet.

2.2.4 Die NAND-Funktion

Die NAND-Funktion (Zusammenzug aus NOT und AND) ist eine AND-Verknüpfung, deren Resultat anschliessend noch negiert wird. Bezüglich Verallgemeinerung gelten die gleichen Bemerkungen wie bei der AND-Funktion.

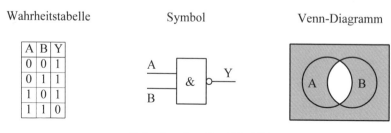

Schreibweise: Y = !(A & B)

Abb. 11: Grundbeziehungen der NAND-Funktion

2.2.5 Die NOR-Funktion

Die NOR-Verknüpfung (Zusammenzug aus NOT und OR) ist eine OR-Funktion, deren Resultat anschliessend noch negiert wird.

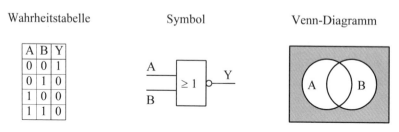

Schreibweise: Y = !(A # B)

Abb. 12: Grundbeziehungen der NOR-Funktion

2.2.6 Die EX-OR-Funktion

Die EX-OR-Funktion wird auch *Antivalenz* oder *Modulo-2-Addition* genannt. Sie ist im Gegensatz zu den bisherigen Verknüpfungen nur für zwei Eingangsgrössen definiert, wenn auch eine Erweiterung möglich ist. Es handelt sich hier um ein exklusives (ausschliessendes) Oder, also eine Entweder-Oder-Verknüpfung. Das Resultat ist dann wahr, wenn genau eine Eingangsgrösse wahr ist. Diese Eigenschaft ist auch durch den Bezeichner "=1" im Symbol festgehalten.

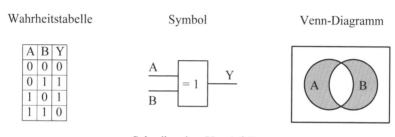

Schreibweise: Y = A $ B

Abb. 13: Grundbeziehungen der EX-OR-Funktion

In der Literatur wird in der Regel anstelle des $-Zeichens das Symbol ⊕ für die Modulo-2-Addition verwendet.

2.2.7 Die EX-NOR-Funktion

Die EX-NOR-Funktion wird auch als *Äquivalenz* bezeichnet. Es handelt sich um die negierte EX-OR-Funktion. Das Resultat ist dann wahr, wenn beide Eingangsgrössen den gleichen Wert aufweisen (beide wahr oder beide falsch). Auch diese Funktion ist eigentlich nur für zwei Eingangsgrössen definiert.

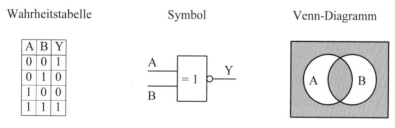

Schreibweise: Y = !(A $ B) = A !$ B = !A $ B = A $!B

Abb. 14: Grundbeziehungen der EX-NOR-Funktion

Neben diesen wichtigen logischen Funktionen existieren noch einige andere, die aber keine grosse praktische Bedeutung haben und die ohne Weiteres durch die bisher bekannten logischen Funktionen ausgedrückt werden können. Die zuletzt behandelte EX-NOR-Funktion gehört eigentlich auch schon zu dieser Klasse von logischen Funktionen.

Wir werden noch zeigen, dass jede beliebige kombinatorische Funktion durch ausschliessliche Verwendung von NAND-Gliedern beziehungsweise durch ausschliessliche Verwendung von NOR-Gliedern oder aber durch Verwendung einer Kombination von NOT-, AND- und OR-Gliedern realisiert werden kann. Dies ist mit ein Grund, weshalb diese genannten Grundverknüpfungen eine so grosse praktische Bedeutung erlangt haben.

2.3 Schaltalgebra

2.3.1 Einführung

Ursprünglich zählte man zur Algebra die Lehre von den Gleichungen und den Methoden zu ihrer Lösung. Im Sinne der modernen Mathematik ist die Algebra die Lehre von den algebraischen Strukturen. Man sagt von einer Menge von beliebigen Elementen, sie besitze eine algebraische Struktur, wenn zwischen ihren Elementen eine Verknüpfung definiert ist, die zwei Elementen ein bestimmtes Element derselben Menge zuordnet. Damit in Zusammenhang steht auch die Aussagenlogik, eigentlich ein Grenzgebiet zwischen Mathematik und Philosophie. Der englische Mathematiker George Boole (1815–1864) veröffentlichte 1848 eine Arbeit[1] über die Algebra der Logik. Dieses Datum macht deutlich, dass Boole wohl kaum an die Digitaltechnik gedacht hat, sondern dass seine Arbeit dazu bestimmt war, der Philosophie ein Hilfsmittel in die Hand zu geben, um logische Zusammenhänge eindeutig formulieren zu können. Erst im Jahre 1938 erschien ein Artikel von C.E. Shannon[2], in dem die Boolesche Algebra zur Behandlung elektronischer Schaltkreise verwendet und damit die moderne Schaltalgebra begründet wurde.

Die Benutzung der Schaltalgebra als Hilfsmittel beim Entwurf von Schaltkreisen hat folgende Ziele:

---

[1] George Boole: The Mathematical Analysis of Logic. MacMillan 1848.

[2] C.E. Shannon: A Symbolic Analysis of Relay and Switching Circuits [Transactions AIEE, Vol. 57 (1938) pp. 713 ... 723].

> - **Eindeutige Darstellung der in der Aufgabenstellung definierten Schaltbedingungen durch logische Funktionen.**
>
> - **Umformung und Vereinfachung der so gewonnenen Ausdrücke, sodass eindeutige Angaben über die technische Realisierung mit minimalem Aufwand gemacht werden können.**

Man unterscheidet in der Schaltalgebra wie auch in der übrigen Mathematik (z.B. in der Euklidischen Geometrie oder in der Wahrscheinlichkeitsrechnung) zwischen *Axiomen* (unbeweisbaren Grundannahmen) und aus diesen hergeleiteten *Theoremen*.

2.3.2 Axiome der Schaltalgebra

Definition der OR-Funktion

$0 \# 0 = 0$

$0 \# 1 = 1 \# 0 = 1 \# 1 = 1$

Allgemein formuliert:

$$X_1 \# X_2 \# ... \# X_i \# ... \# X_n = \begin{cases} 0, \text{ falls alle } X_i = 0 \\ 1, \text{ sonst} \end{cases}$$

Definition der AND-Funktion

$0 \& 0 = 0 \& 1 = 1 \& 0 = 0$

$1 \& 1 = 1$

Allgemein formuliert:

$$X_1 \& X_2 \& ... \& X_i \& ... \& X_n = \begin{cases} 1, \text{ falls alle } X_i = 1 \\ 0, \text{ sonst} \end{cases}$$

Definition der EX-OR-Funktion

0 $ 0 = 1 $ 1 = 0

1 $ 0 = 0 $ 1 = 1

Für die EX-OR-Funktion (Modulo-2-Addition) kann eine Verallgemeinerung nicht mehr elementar angegeben werden.

2.3.3 Theoreme der Schaltalgebra

Verknüpfungen mit 0

0 & X = 0   0 # X = X

Verknüpfungen mit 1

1 & X = X   1 # X = 1

Verknüpfung einer Variablen mit sich selbst

X & X = X   X # X = X

X & !X = 0   X # !X = 1

Kommutativgesetze

X_1 & X_2 = X_2 & X_1 X_1 # X_2 = X_2 # X_1

Assoziativgesetze

Die Klammern haben in der Schaltalgebra die gleiche Bedeutung wie in der übrigen Mathematik: Operationen in der Klammer werden zuerst ausgeführt. In der Schaltalgebra empfiehlt es sich, grosszügig mit Klammern umzugehen, um klare und eindeutige Ausdrücke zu erhalten.

(X_1 & X_2) & X_3 = X_1 & (X_2 & X_3)   (X_1 # X_2) # X_3 = X_1 # (X_2 # X_3)

Distributivgesetze

$(X_1 \# X_2) \,\&\, X_3 = (X_1 \,\&\, X_3) \# (X_2 \,\&\, X_3)$

$(X_1 \,\&\, X_2) \# X_3 = (X_1 \# X_3) \,\&\, (X_2 \# X_3)$

Vereinfachungsgesetze

$X_1 \# (X_1 \,\&\, X_2) = X_1$ $\qquad\qquad X_1 \,\&\, (X_1 \# X_2) = X_1$

$X_1 \# (!X_1 \,\&\, X_2) = X_1 \# X_2$ $\qquad\qquad X_1 \,\&\, (!X_1 \# X_2) = X_1 \,\&\, X_2$

Gesetze von de Morgan (Inversionsgesetze)

Der englische Mathematiker de Morgan (1806 bis 1871) hat die Boolesche Algebra erweitert und die nach ihm benannten Inversionsgesetze gefunden. Sie spielen eine wichtige Rolle bei der Umwandlung logischer Ausdrücke.

$!(X_1 \,\&\, X_2 \,\&\, X_3 \,\&\, ... \,\&\, X_n) = !X_1 \# !X_2 \# !X_3 \# ... \# !X_n$

$!(X_1 \# X_2 \# X_3 \# ... \# X_n) = !X_1 \,\&\, !X_2 \,\&\, !X_3 \,\&\, ... \,\&\, !X_n$

Satz von Shannon

Der Satz von Shannon ist eine Verallgemeinerung der eben besprochenen Inversionsgesetze von de Morgan.

$!F(X_1, X_2, X_3, ..., X_i, ..., X_n, \,\&\,, \#) = F(!X_1, !X_2, !X_3, ..., !X_i, ..., !X_n, \#, \,\&\,)$

In Worten ausgedrückt:

Man erhält die Negation einer beliebigen logischen Funktion F dadurch, dass man alle Variablen X_i durch ihre Negationen $!X_i$, die Operationen & durch # bzw. # durch & ersetzt. Die Klammern bleiben unverändert.

Beispiel:
Aus $\qquad F = X_1 \,\&\, (!X_2 \# X_3) \,\&\, ((X_4 \,\&\, !X_5) \# X_6)$

wird $\qquad !F = !X_1 \# (X_2 \,\&\, !X_3) \# ((!X_4 \# X_5) \,\&\, !X_6)$

2.4 Logische Funktionen und ihre Darstellung

Üblicherweise wird eine logische Funktion primär durch eine in umgangssprachlicher Form vorliegende Aussage definiert, z.B.:

Eine Abstimmungsanlage besteht aus drei Drucktasten. Werden mehr als die Hälfte der Tasten „gleichzeitig" gedrückt, so soll eine Lampe aufleuchten.

Man kann den so formulierten Zusammenhang zunächst in einer Wahrheitstabelle festhalten; dazu müssen zuerst einige Vereinbarungen getroffen werden.

Vereinbarungen: Taste 1 gedrückt → A = 1
Taste 2 gedrückt → B = 1
Taste 3 gedrückt → C = 1
Lampe leuchtet → Y = 1

Diese Vereinbarungen umfassen offenbar das Einführen von logischen Variablen (A, B, C und Y) sowie die Zuordnung von logischen Werten zu bestimmten physikalischen Zuständen. Diese Zuordnung erfolgt völlig willkürlich; sie gleicht dem Festlegen von Bezugsrichtungen für Ströme und Spannungen in elektrischen Schaltungen. Durch geschickte Wahl dieser Zuordnungen lässt sich allerdings häufig die physikalische Realisierung der logischen Funktion vereinfachen. In diesem Beispiel wäre es – vorausgesetzt, es werden zur Realisierung TTL-Bausteine verwendet – günstiger gewesen, wenn wir den Zuständen „Taste gedrückt" bzw. „Lampe leuchtet" den logischen Wert 0 zugeordnet hätten. Diese Überlegungen sind aber sehr stark von der verwendeten Technologie abhängig und sollen deshalb hier nicht weiter behandelt werden.

Vorgehen zum Aufstellen der Wahrheitstabelle

- Alle möglichen Kombinationen der Eingangsvariablen bilden (2^n bei n Variablen)

- Für jede Eingangskombination mittels der verbalen Schaltbedingung entscheiden, ob der Ausgang Y den Wert 1 oder 0 haben muss, und den entsprechenden Wert in die Tabelle eintragen.

Die Wahrheitstabelle (Abb. 15) in unserem Beispiel ist **vollständig**, d.h. für jede mögliche Kombination der Eingangsvariablen ist für den Ausgang ein eindeutiger

Wert definiert. Dies ist im Allgemeinen nicht der Fall, was vor allem für die Vereinfachung der Ausdrücke von Bedeutung ist. Davon soll später die Rede sein.

A	B	C	Y
0	0	0	0
0	0	1	0
0	1	0	0
0	1	1	1
1	0	0	0
1	0	1	1
1	1	0	1
1	1	1	1

Abb. 15: *Wahrheitstabelle für das Beispiel*

2.4.1 Die disjunktive Normalform

Wir müssen die in der Wahrheitstabelle enthaltene Information in einen schaltalgebraischen Ausdruck umformen. Wir versuchen dazu, die Wahrheitstabelle in Worte zu fassen:

Y ist = 1, wenn   (A = 0   **und** B = 1   **und** C = 1)
          oder   (A = 1   **und** B = 0   **und** C = 1)
          oder   (A = 1   **und** B = 1   **und** C = 0)
          oder   (A = 1   **und** B = 1   **und** C = 1) ist.

In dieser Zusammenstellung können wir die Ausdrücke X = 0 durch !X = 1 ersetzen und erhalten dann:

Y ist = 1, wenn   (!A = 1 **und** B = 1   **und** C = 1)
          oder   (A = 1   **und** !B = 1 **und** C = 1)
          oder   (A = 1   **und** B = 1   **und** !C = 1)
          oder   (A = 1   **und** B = 1   **und** C = 1) ist.

Daraus können wir nun sofort die schaltalgebraische Formulierung herleiten, indem wir die entsprechenden Operationssymbole einsetzen:

Y = (!A & B & C) # (A & !B & C) # (A & B & !C) # (A & B & C)

Dieser Ausdruck wird disjunktive Normalform genannt. Diesen Begriff müssen wir noch etwas genauer untersuchen. Dazu müssen wir noch einige weitere Begriffe einführen. Wir beginnen mit dem Begriff eines *Minterms*:

> Sei Y eine logische Funktion von n Variablen. Dann ist ein Minterm eine AND-Verknüpfung, die alle n Variablen entweder in direkter oder in negierter Form enthält.

Demnach existieren bei n Variablen 2^n Minterme. Jeder Minterm entspricht einer bestimmten Kombination der Variablen, also einer Zeile der Wahrheitstabelle. Die Minterme, die den Zuständen entsprechen, für die die Ausgangsgrösse Y = 1 ist, heissen *gute Minterme*, die anderen (mit Y = 0) nennt man *schlechte Minterme*. Wir werden später noch gleichgültige Minterme kennenlernen. Damit können wir die disjunktive Normalform (auch kanonische disjunktive Normalform genannt) definieren:

> Die disjunktive Normalform ist die OR-Verknüpfung aller guten Minterme.

Ausgehend von der disjunktiven Normalform kann sofort eine technische Realisierung der logischen Funktion gezeichnet werden. Wir gehen dabei davon aus, dass alle Variablen sowohl in direkter als auch in negierter Form zur Verfügung stehen. Diese Voraussetzung liesse sich allenfalls leicht durch den Einsatz von Invertern erfüllen.

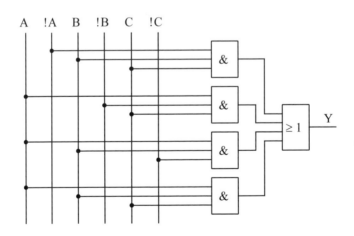

Abb. 16: Realisierung der Schaltfunktion mit AND- und OR-Gattern

Durch Anwendung der Inversionsgesetze von de Morgan können wir die disjunktive Normalform so umformen, dass man die logische Funktion unter ausschliesslicher Verwendung von NAND-Gliedern realisieren kann:

Y = (!A & B & C) # (A & !B & C) # (A & B & !C) # (A & B & C)

!Y = !((!A & B & C) # (A & !B & C) # (A & B & !C) # (A & B & C))

   = !(!A & B & C) & !(A & !B & C) & !(A & B & !C) & !(A & B & C)

Y = !!Y

   = !(!(!A & B & C) & !(A & !B & C) & !(A & B & !C) & !(A & B & C))

Die Realisierung ergibt hier folgendes Bild:

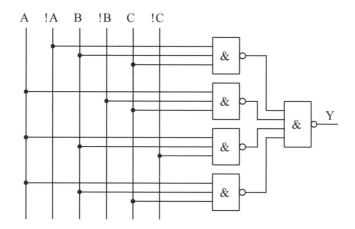

Abb. 17: Realisierung mit ausschliesslicher Verwendung von NAND-Gliedern

Jede kombinatorische logische Verknüpfung kann durch eine Wahrheitstabelle dargestellt werden. Ebenso kann zu jeder beliebigen Wahrheitstabelle die disjunktive Normalform angeschrieben werden. Mit den Gesetzen von de Morgan kann jede disjunktive Normalform so umgewandelt werden, dass die entstehende Funktion ausschliesslich aus NAND-Gliedern besteht. Damit haben wir auch gezeigt, dass *jede kombinatorische Logik unter ausschliesslicher Verwendung von NAND-Gliedern realisiert werden kann*.

2.4.2 Die konjunktive Normalform

Die konjunktive Normalform wird sehr viel seltener verwendet als die disjunktive Normalform. Das hängt auch damit zusammen, dass man die disjunktive Normalform durch Anwendung des Satzes von Shannon in die konjunktive Normalform umwandeln kann und natürlich auch umgekehrt. Betrachten wir dazu die Wahrheitstabelle unseres Beispiels. Wenn wir hier die disjunktive Normalform nicht für die

Funktion Y, sondern für !Y bilden, also die Zeilen der Wahrheitstabelle erfassen, für die Y = 0 ist, so erhalten wir:

!Y = (!A & !B & !C) # (!A & !B & C) # (!A & B & !C) # (A & !B & !C)

Die Anwendung des Satzes von Shannon (X durch !X ersetzen, & und # vertauschen, Klammern beibehalten) ergibt:

Y = (A # B # C) & (A # B # !C) & (A # !B # C) & (!A # B # C)

Dieser Ausdruck heisst konjunktive Normalform. Eine Analyse des Ausdrucks zeigt, dass die Funktion Y immer dann = 0 wird, wenn wenigstens eine der OR-Verknüpfungen = 0 ist. Eine OR-Verknüpfung ist aber nur dann = 0, wenn alle enthaltenen Grössen = 0 sind. Ein Vergleich der obigen konjunktiven Normalform mit der Wahrheitstabelle zeigt, dass das für alle Zeilen mit Y = 0 zutrifft. In allen anderen Fällen ist also Y = 1.

In analoger Weise wie bei der disjunktiven Normalform definieren wir als **Maxterm** eine OR-Verknüpfung, die alle Eingangsgrössen entweder in direkter oder negierter Form enthält. Jeder Maxterm entspricht wieder einer Zeile der Wahrheitstabelle, wobei die Variable in negierter Form einzusetzen ist, falls in der Wahrheitstabelle an der entsprechenden Stelle eine 1 steht, und in direkter Form, falls eine 0 steht. Die konjunktive Normalform ist dann die AND-Verknüpfung aller Maxterme, die zu den Zeilen mit Y = 0 gehören. Unter Beachtung dieser Regeln können wir die konjunktive Normalform ebenfalls direkt aus der Wahrheitstabelle entnehmen, ohne dabei den Umweg über den Satz von Shannon machen zu müssen.

Die konjunktive Normalform kann ebenfalls direkt durch AND- und OR-Glieder realisiert werden (Abb. 18).

Logische Funktionen und ihre Darstellung   29

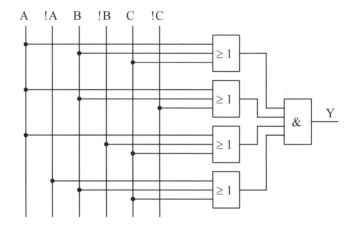

Abb. 18: *Realisierung mit OR-AND-Logik*

Wir können auch auf die konjunktive Normalform die Inversionsgesetze von de Morgan anwenden:

Y = (A # B # C) & (A # B # !C) & (A # !B # C) & (!A # B # C)

!Y = !((A # B # C) & (A # B # !C) & (A # !B # C) & (!A # B # C))

= !(A # B # C) # !(A # B # !C) # !(A # !B # C) # !(!A # B # C)

Y = !(!(A # B # C) # !(A # B # !C) # !(A # !B # C) # !(!A # B # C))

Die letzte Funktion enthält nun nur noch NOR-Glieder und kann auch sofort realisiert werden:

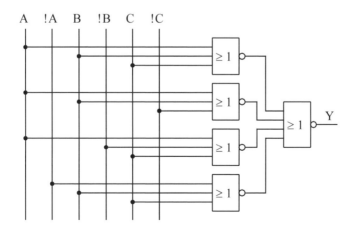

Abb. 19: *Realisierung mit NOR-Gliedern*

Offenbar ist es ebenfalls möglich, jede beliebige kombinatorische Logik unter ausschliesslicher Verwendung von NOR-Gliedern zu realisieren. Zum Beweis können die entsprechenden Überlegungen im letzten Abschnitt verwendet werden.

Die disjunktive und die konjunktive Normalform beschreiben offenbar genau die gleiche kombinatorische Logik. Daraus können wir einerseits schliessen, dass beide Normalformen funktionell gleichwertig sein müssen. Es müsste also möglich sein, mit Hilfe der Schaltalgebra die disjunktive Normalform in die konjunktive Normalform zu überführen und umgekehrt. Andererseits sehen wir, dass es offenbar keine eindeutige Form für einen logischen Ausdruck gibt, sondern dass unter Umständen mehrere gleichwertige Formen nebeneinander existieren können. Welche Form für unsere Zwecke optimal ist, kann erst entschieden werden, wenn wir wissen, wie die logischen Funktionen technisch realisiert werden sollen. Bei Verwendung der TTL-Technik, die auf NAND-Verknüpfungen aufbaut, gehören die NOR-Glieder eher zu den Exoten, also wird man sicher eher von einer disjunktiven Normalform ausgehen. In der CMOS-Technik sind beide Verknüpfungen etwa gleich vertreten, sodass man auch einmal von einer konjunktiven Form ausgehen kann. Die TTL-Technik hat aber die Denkweise in der Digitaltechnik so stark geprägt, dass man die konjunktiven Formen nur in absoluten Ausnahmefällen verwendet. Auch die in den folgenden Abschnitten behandelten Methoden gehen in der Regel von disjunktiven Formen aus, können aber bei Bedarf auch auf konjunktive Formen übertragen werden.

Die Normalformen sind in der Regel nicht die einfachsten Formen einer logischen Funktion. Im folgenden Kapitel wollen wir verschiedene Methoden untersuchen, mit denen man ausgehend von einer disjunktiven Normalform eine möglichst einfache Form einer logischen Funktion finden kann. Der Begriff „einfach" steht dabei in erster Linie für eine Realisierung mit kleinstem Aufwand.

2.5 Vereinfachung logischer Funktionen

2.5.1 Vereinfachung mit Hilfe der Schaltalgebra

Zur Illustration gehen wir wieder von der disjunktiven Normalform (DNF) unseres Beispiels aus:

$$Y = (!A \& B \& C) \# (A \& !B \& C) \# (A \& B \& !C) \# (A \& B \& C)$$

Betrachten wir in diesem Ausdruck die beiden letzten Terme und formen sie gemäss den Regeln der Schaltalgebra um:

$$(A \& B \& !C) \# (A \& B \& C) = A \& B \& (C \# !C) = A \& B$$

Wir haben also diese beiden Minterme zu einem einzigen einfacheren Ausdruck umgeformt. Eine solche Vereinfachung ist immer dann möglich, wenn sich die zwei Terme nur in einer einzigen Variablen unterscheiden, und zwar so, dass diese Variable in einem Term in direkter, im anderen hingegen in negierter Form auftritt. Man sagt dann auch, die zwei Terme seien **benachbart**.

Für unsere Funktion erhalten wir nun:

$$Y = (!A \& B \& C) \# (A \& !B \& C) \# (A \& B)$$

Auf den ersten Blick scheint sich dieser Ausdruck nicht mehr weiter vereinfachen zu lassen, da offenbar keine benachbarten Terme mehr vorhanden sind. Bei nochmaliger Betrachtung der DNF fällt auf, dass man zur Vereinfachung auch jeweils den ersten oder den zweiten Term mit dem letzten hätte zusammenfassen können. Unter Verwendung der Beziehung $X \# X = X$ können wir die DNF auch wie folgt formulieren:

$$Y = (!A \& B \& C) \# \quad (A \& !B \& C) \quad \# \quad (A \& B \& !C)$$
$$\# (A \& B \& C) \# \quad (A \& B \& C) \quad \# \quad (A \& B \& C)$$

Wir haben also den letzten Term dreimal hingeschrieben, womit wir den Wert der Funktion nicht verändert haben. Man erkennt nun leicht, dass jeweils untereinander stehende Terme benachbart sind und sich zusammenfassen lassen. Daraus resultiert die folgende vereinfachte disjunktive Form (nicht mehr Normalform!):

$$Y = (B \& C) \# (A \& C) \# (A \& B)$$

Die Anwendung der Inversionsgesetze liefert uns noch die NAND-Form:

$$Y = !(!(B \& C) \& !(A \& C) \& !(A \& B))$$

Dieser Ausdruck lässt sich – zum mindesten mit dem jetzt angewendeten Verfahren – nicht mehr weiter vereinfachen.

Im Allgemeinen ist die rein schaltalgebraische Vereinfachung logischer Funktionen relativ schwierig, weil man einerseits manchmal Mühe hat, benachbarte Terme zu erkennen (vor allem bei längeren und komplizierten Ausdrücken) und andererseits der Ausdruck wie in unserem Beispiel erst künstlich aufgebläht werden muss, ehe weitergehende Vereinfachungen möglich sind. Man hat deshalb nach Methoden gesucht, um genau diese zwei Schwachstellen auszumerzen. Die bekannteste und am weitesten verbreitete Methode ist die Anwendung des sog. Karnaugh-Diagrammes (engl. Karnaugh map).

2.5.2   Vereinfachung mit Karnaugh-Diagramm

Das Grundprinzip lässt sich am besten anhand des Venn-Diagrammes erklären. Betrachten wir ein solches Diagramm für drei Variablen.

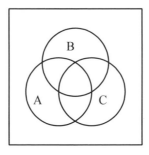

Abb. 20: *Venn-Diagramm für drei Variablen*

Die drei Kreise zerlegen das Rechteck in acht Teilflächen. Man sieht, dass beim Übergang von einer Teilfläche zu einer geometrisch benachbarten (gemeinsame Grenzlinie) nur genau eine Variable ihren Wert ändert, die zugehörigen Terme also auch logisch benachbart sind.

Betrachten wir dazu ein Beispiel (Abb. 21). Eine Überprüfung ergibt, dass diese Eigenschaft bei allen „Grenzübergängen" zutrifft. Jede Zeile einer Wahrheitstabelle (also auch jeder Minterm) entspricht einer solchen Teilfläche im Venn-Diagramm. Wenn wir nun alle guten Minterme im Venn-Diagramm schraffieren, so erkennen wir sofort logisch benachbarte Terme, da sie in dieser Darstellung auch geometrisch benachbart sind. Auf unser Beispiel angewendet, würde das Venn-Diagramm von Abbildung 22 resultieren.

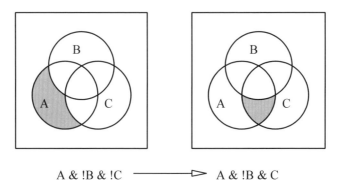

Abb. 21: *Benachbarte Felder im Venn-Diagramm*

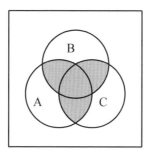

Abb. 22: Venn-Diagramm für die Abstimmungsanlage

Wenn wir ausgehend von dieser Darstellung versuchen, die schraffierte Fläche möglichst einfach zu beschreiben, so gewinnen wir ebenfalls die vereinfachte disjunktive Form:

$$Y = (A \& B) \# (A \& C) \# (B \& C)$$

Dabei haben wir mehrfach die schraffierte Fläche im Zentrum des Venn-Diagrammes (zugehörig zu A&B&C) verwendet; dies entspricht dem mehrfachen Hinschreiben des betreffenden Minterms bei der schaltalgebraischen Vereinfachung. Das Venn-Diagramm hat den Nachteil, dass wir Systeme mit mehr als drei Variablen nicht mehr darstellen können. Maurice Karnaugh[3] hat eine Darstellungsart gefunden, die benachbarte Terme ebenfalls relativ leicht erkennen lässt und sich auf Systeme bis zu fünf (oder gar sechs) Variablen anwenden lässt.

Das Prinzip ist wieder dasselbe: Jedem Minterm entspricht ein Feld; die Felder sind so angeordnet, dass geometrisch benachbarte Felder auch logisch benachbart sind. Wir wollen das nebenstehende Karnaugh-Diagramm für drei Variablen etwas näher untersuchen. Die Striche mit den Variablen-Namen neben dem Diagramm zeigen an, in welchem Teil des Diagramms die entsprechende Variable wahr ist.

---

[3] Maurice Karnaugh: The Map Method for Synthesis of Combinational Logic Circuits. Communications and Electronics, 1953, Nr. 9, pp. 593 ... 599.

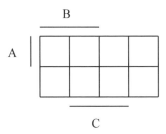

Abb. 23: Karnaugh-Diagramm für drei Variablen

Diese Verteilung kann durch die folgende Darstellung noch etwas deutlicher gezeigt werden; die schraffierten Flächen geben die Felder an, für die die Variable den Wert 1 hat:

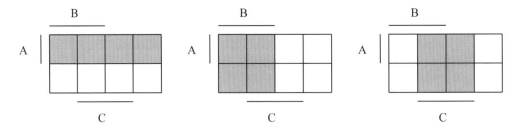

Abb. 24: Bereiche der Variablen

Wenn wir jeden Minterm (= Zeile der Wahrheitstabelle) als Zahl interpretieren (A = MSB, C = LSB), so können wir diese Zahl in dezimaler oder auch in binärer Form in das Karnaugh-Diagramm eintragen:

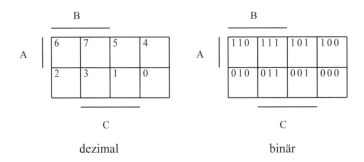

Abb. 25: Beschriftung der Felder

Wir sehen hier, dass bei dieser Anordnung der Felder beim Übergang von einem Feld zu einem benachbarten nur gerade eine Variable ihren Wert ändert. Betrachten wir nun ein am rechten Rand liegendes Feld, z.B. das Feld "000". Beim Übergang auf das in derselben Reihe liegende Feld am linken Rand ("010") wechselt auch nur eine

Vereinfachung logischer Funktionen   35

Variable (hier B) ihren Wert. Das bedeutet, dass ein Randfeld mit dem gegenüber liegenden Randfeld ebenfalls benachbart ist. Im Falle eines Karnaugh-Diagrammes mit drei Variablen könnte man das Diagramm auch auf einen Zylinder zeichnen; dann würde einer logischen auch wieder eine geometrische Benachbartheit entsprechen.

In der unten stehenden Abbildung sind die häufig verwendeten Karnaugh-Diagramme für 2 bis 4 Variablen dargestellt.

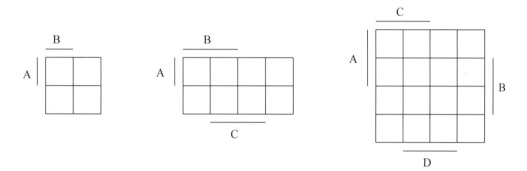

Abb. 26: Karnaugh-Diagramme für zwei, drei und vier Variablen

Für das konkrete Vorgehen zur Vereinfachung logischer Funktionen mit Hilfe des Karnaugh-Diagrammes gibt es die folgenden Regeln (sie gelten in dieser Form für ein System mit vollständiger Wahrheitstabelle):

1. *In jedes Feld, das einem guten Minterm entspricht, wird eine 1 eingetragen; in alle anderen Felder eine 0. Das Karnaugh-Diagramm ist also eigentlich nur eine andere Form der Wahrheitstabelle.*

2. *Eine Vereinfachung ist nur möglich, wenn zusammenhängende Gebiete (Nachbargebiete) mit 1 auftreten; dabei gelten gegenüber liegende Ränder auch als benachbarte Gebiete. Man versucht nun, möglichst grosse Blöcke mit Einsen zu bilden. Ein Block muss 2^k Felder enthalten und symmetrisch sein (also z.B. nicht L-förmig). Ein Block darf keine 0 enthalten. Jedes Feld mit einer 1 muss in mindestens einem Block enthalten sein, allenfalls in einem Block, der nur aus einem einzigen Feld (k = 0) besteht.*

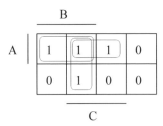

Abb. 27: Karnaugh-Diagramm für die Abstimmungsanlage

Wir wollen dieses Prinzip anhand unseres Beispiels illustrieren. Wir können drei Blöcke bilden, die je zwei Felder umfassen. Diese Blöcke entsprechen wieder den Termen (A & B), (A & C) und (B & C). Man findet die Zugehörigkeit eines gezeichneten Blockes zum entsprechenden Term auf analoge Weise wie beim Venn-Diagramm. Jeder Term definiert eine Gruppe von Feldern im Diagramm.

Die so gefundenen Terme heissen **Primterme**, sie entsprechen den grösstmöglichen Blöcken. In der Literatur werden sie teilweise auch **Primimplikanten** genannt.

Zur Bildung der vereinfachten Funktion sind im Allgemeinen nicht alle Primterme erforderlich; es ist nur notwendig, jeden guten Minterm mit mindestens einem Primterm abzudecken. Wie wir leicht sehen, sind in unserem Beispiel alle drei Primterme notwendig.

Die gesuchte vereinfachte Form ist die OR-Verknüpfung aller notwendigen Primterme. Ein Primterm ist dann notwendig, wenn er mindestens eine 1 enthält, die in keinem anderen Primterm enthalten ist. Falls nicht alle Primterme notwendig sind, muss man die grössten Blöcke verwenden, die ja auch den kürzesten, also einfachsten Primtermen entsprechen. In unserem Beispiel erhalten wir demnach für die vereinfachte Funktion:

$$Y = (A \& B) \# (A \& C) \# (B \& C),$$

ein Resultat, das uns allmählich bekannt vorkommt.

2.5.3 Karnaugh-Diagramm für unvollständige Wahrheitstabellen

Unvollständige Wahrheitstabellen liegen dann vor, wenn gewisse Eingangskombinationen gar nicht vorkommen oder wenn es für eine bestimmte Eingangskombination aus einem anderen Grund keine Rolle spielt, welchen Wert die Ausgangsvariable annimmt.

Als Beispiel betrachten wir nun eine kombinatorische Logik, die als Eingang eine BCD-Zahl (**B**inary **C**oded **D**ecimal = mit vier Bit dargestellte dezimale Ziffer) hat. Die Ausgänge sollen dazu dienen, die Segmente einer 7-Segment-Anzeige anzusteuern. Die einzelnen Segmente der Anzeige sind gemäss dem in Abbildung 28 gezeigten Schema bezeichnet.

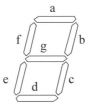

Abb. 28: *Bezeichnung der Segmente*

Die Darstellung der einzelnen Ziffern erfolgt wie in Abbildung 29 gezeigt. In der Darstellung der Ziffern 6 und 9 gibt es allenfalls abweichende Lösungen; die hier gezeigten lassen auch die Anzeige von HEX-Ziffern zu (sonst ist eine Verwechslung der Ziffern 6 und B [dargestellt als b] möglich).

Abb. 29: *Darstellung der Dezimalziffern mit einer Siebensegmentanzeige*

Die vier Bits einer BCD-Zahl könnten im Prinzip 16 verschiedene Zustände beschreiben, die Zustände "1010" (= 10_D = A_H) bis "1111" (= 15_D = F_H) treten aber nie auf; in diesen Fällen ist es egal, ob das betreffende Segment nun leuchtet oder nicht. Die genannten Zustände werden auch etwa als Pseudo-Tetraden bezeichnet (Tetrade = vier Bits), wobei sich diese Bezeichnung auf den Fall der BCD-Zahlen beschränkt. Von der Logik her werden diese Zustände, bei denen der Wert der Ausgangsvariablen keine Rolle spielt, als ***Don't cares*** bezeichnet; in der Wahrheitstabelle werden sie mit einem X eingetragen. Die zugehörigen Minterme werden nun eben ***gleichgültige Minterme*** genannt.

X3	X2	X1	X0	#	a
0	0	0	0	0	1
0	0	0	1	1	0
0	0	1	0	2	1
0	0	1	1	3	1
0	1	0	0	4	0
0	1	0	1	5	1
0	1	1	0	6	1
0	1	1	1	7	1
1	0	0	0	8	1
1	0	0	1	9	1
1	0	1	0	-	X
1	0	1	1	-	X
1	1	0	0	-	X
1	1	0	1	-	X
1	1	1	0	-	X
1	1	1	1	-	X

Abb. 30: *Wahrheitstabelle für das Segment "a"*

Betrachten wir als Beispiel die Wahrheitstabelle für das Segment "a" (Abb. 30), wobei auch hier die Zuordnung gelten soll: a = 1 → Segment leuchtet. Die Eingangsgrössen, die ja die BCD-Zahl festlegen, wollen wir wie folgt bezeichnen: X3, X2, X1 und X0 (X3 = MSB, X0 = LSB).

Wenn wir die Wahrheitstabelle in das Karnaugh-Diagramm übertragen, so resultiert das folgende Bild (Abb. 31), bei dem die möglichen Blöcke bereits eingezeichnet sind:

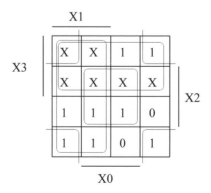

Abb. 31: *Karnaugh-Diagramm für das Segment "a"*

Bei der Bildung der Blöcke muss man sich vor Augen halten, dass wir bestrebt sind, möglichst grosse Blöcke zu bilden. Die Felder mit X können dabei so ausgenutzt werden, dass man ihnen den Wert 1 zuordnen kann, wenn sich dadurch ein grösserer Block bilden lässt. Ein Block muss aber mindestens eine 1 enthalten; Blöcke mit lauter X sind sinnlos (wir machen Vorschriften für etwas nicht Existierendes).

Man beachte im Beispiel besonders den Block, der alle vier Eckfelder umfasst, und vergewissere sich, dass diese Felder tatsächlich alle im logischen Sinne benachbart sind (wenn das Karnaugh-Diagramm für vier Variablen auf einen Torus aufgeklebt wird, so sind diese Felder auch wieder geometrisch benachbart). Es handelt sich hierbei um einen Block, der gerne vergessen oder zu klein gezeichnet wird.

Mit Hilfe des Karnaugh-Diagrammes (kurz auch KD genannt) haben wir vier Primterme gefunden: X3, X1, (X2 & X0) und (!X2 & !X0). Auch hier gilt wieder, dass ein Primterm notwendig ist, wenn er mindestens eine 1 enthält, die in keinem anderen Block enthalten ist. In unserem Beispiel sind alle gefundenen Primterme auch notwendig, wir erhalten für die vereinfachte Funktion:

$$a = X3 \# X1 \# (X2 \& X0) \# (!X2 \& !X0)$$

Das ist gegenüber der disjunktiven Normalform eine gewaltige Vereinfachung. Wir sehen auch gleich, dass der Einbezug der Don't cares zusätzliche Vereinfachungsmöglichkeiten schafft.

2.5.4 Die Methode von Quine / McCluskey

Bei Systemen mit mehr als vier Eingangsvariablen wird das Verfahren von Karnaugh etwas schwerfällig. Bei den Karnaugh-Diagrammen, wie sie für fünf oder auch sechs Variablen noch gezeichnet werden können, sind die logisch benachbarten Felder nicht mehr in allen Fällen auch geometrisch benachbart. Die Auswertung eines Karnaugh-Diagrammes wird dann relativ mühsam; es besteht immer die Gefahr, dass nicht die einfachste Lösung gefunden wird. In diesen Fällen hilft das algebraisch-tabellarische Verfahren von Quine/McCluskey[4], das wir in seinen Grundzügen im Folgenden erläutern wollen.

---

[4] W.V. Quine: The Problem of Simplifying Truth-Functions [American Mathematics Monthly, 59, 1952, pp 521-531]
E.J. McCluskey: Minimization of Boolean Functions [Bell System Technical Journal, 35, 1956, pp 1417-1444].

40   Kombinatorische Logik und Schaltalgebra

Auch dieses Verfahren beruht auf dem gleichen Prinzip: Suchen von benachbarten Termen zwecks Vereinfachung. Ausgangspunkt ist wie in den anderen Fällen die disjunktive Normalform. Im Prinzip müssen wir jeden hier auftretenden Minterm mit jedem anderen vergleichen, um festzustellen, ob zwei Minterme benachbart sind. Das Verfahren von Quine/McCluskey (oft als QMC-Verfahren bezeichnet) geht davon aus, dass ein Minterm, der z.B. zwei negierte Variablen enthält, niemals einem keine negierte Variable enthaltenden Minterm benachbart sein kann. Ebenso kann er keinem anderen Minterm benachbart sein, der ebenfalls zwei negierte Variablen enthält. Minterme können prinzipiell nur dann benachbart sein, wenn sie sich in der Zahl der in negierter Form auftretenden Variablen genau um 1 unterscheiden.

X2	X1	X0	a
0	0	0	1
0	0	1	0
0	1	0	1
0	1	1	1
1	0	0	0
1	0	1	1
1	1	0	1
1	1	1	1

Abb. 32: Wahrheitstabelle für das Segment "a" (Oktal-Zahlen)

Als Beispiel betrachten wir die Wahrheitstabelle für das Segment "a" einer 7-Segment-Anzeige für Oktalzahlen (Ziffern 0 ... 7). Die Eingangsvariablen seien X2, X1 und X0 (X2 = MSB). Wir schreiben zunächst alle guten Minterme in einer Kolonne untereinander. Dabei werden die Minterme nach der Zahl der negierten Variablen in Gruppen geordnet. Dann vergleicht man alle Terme einer Gruppe mit allen Termen der nächstfolgenden Gruppe.

Bei jedem Vergleich, bei dem zwei Terme übereinstimmen mit Ausnahme einer einzigen Variablen, die im einen Term in direkter, im anderen in negierter Form vorkommt, schreibt man den **Konsensus** (d.h. den übereinstimmenden, gemeinsamen Teil) in eine nächste Kolonne und hakt die beiden Minterme ab (✓). Bei einem ergebnislosen Vergleich werden die Minterme nicht abgehakt. Anschliessend führt man dieselbe Prozedur mit der mittlerweile entstandenen zweiten Kolonne durch, die übrigens automatisch in sortierter Form vorliegt. Das wird so oft wiederholt, bis in der letzten Kolonne nur noch Terme mit einer Variablen übrig bleiben. Die am

Vereinfachung logischer Funktionen

Schluss übrig gebliebenen, nicht abgehakten Terme sind Primterme. In unserem Beispiel sieht das dann so aus:

```
X2 & X1 & X0    √ √ √        X2 & X1 -  √              X1
                             X2 & X0    - -
X2 & X1 & !X0   √    √       X1 & X0       √ -
X2 & !X1 & X0   √    -
!X2 & X1 & X0        √ √     X1 & !X0 -  -  √  -
                             !X2 & X1    √  -  -  -
!X2 & X1 & !X0       √ - √ √
                             !X2 & !X0              - -
!X2 & !X1 & !X0           √
```

Abb. 33: *Verfahren von Quine/McCluskey*

Die in der obigen Darstellung fettgedruckten Terme wurden nicht abgehakt, sind also Primterme. Die vereinfachte disjunktive Form lautet demnach:

$$a = (X2 \& X0) \# (!X2 \& !X0) \# X1$$

Das QMC-Verfahren lässt sich auch auf Funktionen mit unvollständiger Wahrheitstabelle anwenden. Man beginnt dabei mit den guten und den gleichgültigen Mintermen. Wie man selbst nachprüfen kann, ergibt die Anwendung dieser Regeln auf die Funktion für das Segment "e" einer 7-Segment-Anzeige für BCD-Ziffern die folgenden Primterme:

(X3 & X2) (X3 & X1) (X3 & !X0) (X1 & !X0) (!X2 & !X0)

Bei den so gefundenen Primtermen muss noch nachgeprüft werden, ob sie notwendig sind. Dazu verwendet man eine Minterm-Primterm-Tabelle, in der die guten Minterme den gefundenen Primtermen gegenübergestellt werden.

Minterme \ Primterme	X3 & X2	X3 & X1	X3 & !X0	X1 & !X0	!X2 & !X0
!X3 & X2 & X1 & !X0				⊗	
X3 & !X2 & !X1 & !X0			×		⊗
!X3 & !X2 & X1 & !X0				⊗	⊗
!X3 & !X2 & !X1 & !X0					⊗

Abb. 34: *Primterm-Minterm-Tabelle*

Man trägt in der Tabelle überall dort ein Kreuz ein, wo der Primterm im entsprechenden Minterm „enthalten" ist (beispielsweise ist (X3 & !X0) in (X3 & !X2 & !X1 & !X0) enthalten). Nun sucht man sich die einfachste Kombination von Primtermen, mit deren Kreuzen alle guten Minterme erfasst werden. In unserem Beispiel wären es die beiden letzten, in der Tabelle grau unterlegten Primterme. Der vorher angesprochene Primterm (X3 & !X0) fällt wieder als überzählig aus der Wahl. Die übrigen beiden Primterme haben keine Kreuze, sie umfassen offenbar nur Don't cares. Nachdem wir auf diese Weise die notwendigen Primterme gefunden haben, können wir wieder die vereinfachte disjunktive Form angeben:

$$e = (X1 \& !X0) \# (!X2 \& !X0)$$

Das Verfahren von Quine/McCluskey ist nur bedingt für das Rechnen von Hand geeignet. Wenn man einige Beispiele macht, so stellt man fest, dass die Zwischenkolonnen wesentlich länger werden können als die Ausgangskolonne mit den guten und den gleichgültigen Mintermen. Entsprechend hoch wird auch die Zahl der notwendigen Vergleichsoperationen. Dank der Tatsache, dass es sich um ein schematisches Verfahren handelt, lässt es sich auf einem Rechner implementieren. Die Umsetzung des QMC-Verfahrens in einer höheren Programmiersprache ist aber nicht gerade ein Anfängerproblem, vor allem wegen der Datenstruktur (zu Beginn der Rechnung sind die Grössen der Daten noch nicht bekannt).

2.6 Beispiele für kombinatorische Schaltungen

2.6.1 Code-Wandler

Unter einem Code verstehen wir die Darstellung einer Folge von Zeichen (z.B. Buchstaben und Ziffern) durch Kombinationen der binären Ziffern 0 und 1. Ein Beispiel für einen solchen Code ist der bekannte ASCII-Code (**A**merican **S**tandard **C**ode for **I**nformation **I**nterchange), der die Darstellung von Buchstaben, Ziffern und Spezialzeichen mit 8 Bits umfasst. Wir wollen uns hier vorwiegend mit Codes beschäftigen, die zur Darstellung der natürlichen Zahlen dienen. Einige beispielhafte Codes wollen wir herausgreifen, es handelt sich also nicht um eine umfassende Darstellung aller möglichen Codes.

Jeder der erwähnten Codes hat seine Stärken und Schwächen. Man wird zum Beispiel einen Winkelmesser mit dem Gray-Code arbeiten lassen und das Messresultat in den natürlichen Binärcode umwandeln, damit die Daten weiterverarbeitet werden können. Dazu dienen Code-Wandler; mehr dazu in den Übungsbeispielen.

a) Natürlicher Binärcode

Der natürliche Binärcode entspricht der normalen Zahlendarstellung im Dualsystem, d.h. die einzelnen Stellen haben Gewichte, die 2er-Potenzen entsprechen. Es handelt sich demnach um einen *gewichteten Code*.

b) BCD-Code

Unter dem BCD-Code wollen wir hier einen Code verstehen, bei dem die einzelnen Ziffern einer Dezimalzahl im natürlichen Binärcode ausgedrückt werden. Für jede dezimale Stelle benötigen wir 4 Bits. Der BCD-Code ist ebenfalls ein gewichteter Code. Er wird überall dort verwendet, wo Resultate in für den Menschen verständlicher Form angezeigt werden müssen (Rechner, Messinstrumente etc.).

c) Excess-3-Code

Der Excess-3-Code gehört auch zu den BCD-Codes. Man erhält ihn, indem man zur dezimalen Ziffer 3 addiert und das Resultat im natürlichen Binärcode mit 4 Bits darstellt. Der Excess-3-Code (oder Stiebitz-Code) ist selbstkomplementär. Durch bitweise Inversion erhält man jeweils das Neunerkomplement der Ursprungszahl, was bei Rechnungen (insbesondere bei der Subtraktion) von Vorteil ist.

d) Gray-Code

Der Gray-Code gehört zu der Gruppe von *einschrittigen Codes*. Darunter versteht man Codes, bei denen beim Übergang von einem Wert auf den nächstfolgenden genau 1 Bit seinen Wert ändert. Beim Gray-Code wird immer ein möglichst weit rechts liegendes Bit geändert; das Bildungsgesetz wird am nachstehenden Beispiel (Abb. 35) sofort klar.

#	GRAY-CODE		
0	0	0	0
1	0	0	1
2	0	1	1
3	0	1	0
4	1	1	0
5	1	1	1
6	1	0	1
7	1	0	0
0	0	0	0

Abb. 35: Gray-Code für drei Bits

Bei der Betrachtung der Code-Tabelle bemerkt man, dass beim Übergang von 7 auf 0 ebenfalls nur ein einziges Bit seinen Wert ändert. Man spricht in diesem Fall auch von einem *zyklischen Code*. Der Gray-Code ist nicht gewichtet. Man kann ihn deshalb nicht für Rechenaufgaben oder eine A/D-Wandlung verwenden. Der Gray-Code wird vorzugsweise in der Winkel- und Längenmessung (optische Massstäbe) verwendet, da ein einschrittiger Code hier klare Vorteile (kleinere Ablesefehler) aufweist.

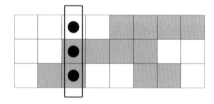

Abb. 36: Massstab im Gray-Code und Lichtschranken-Zeile zur Ablesung

Betrachten wir nun je einen Massstab im Gray-Code und im natürlichen Binärcode, wobei in beiden Fällen die Lichtschrankenzeile etwas schräg stehen soll:

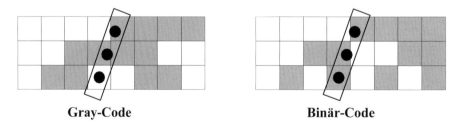

Abb. 37: Fehler durch schrägstehende Lichtschranken-Zeile

Wir erkennen, dass beim Gray-Code der Ablesefehler nur eine Einheit beträgt, beim Binärcode hingegen den halben Messbereich.

Folgende Abbildungen zeigen, wie man Gray-Code zu Binär-Code und umgekehrt umwandeln kann.

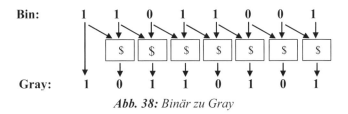

Abb. 38: Binär zu Gray

Gray (bit0) = Binär (bit0) XOR Binär (bit1)
Gray (bit1) = Binär (bit1) XOR Binär (bit2)
….
Gray (bitn) = Binär (bitn) XOR 0

Allgemein: Gray (bit i) = Binär (bit i) XOR Binär (bit (i+1)).

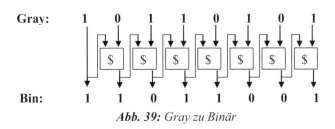

Abb. 39: Gray zu Binär

Für MSB, Binär (bit (i+1)) = 0
Zuerst MSB von Gray Code in MSB von Binär kopieren
Binär (bitn) = Gray (bitn)
….
Binär (bit1) = Binär (bit2) XOR Gray(bit1)
Binär (bit0) = Binär (bit1) XOR Gray(bit0)

Allgemein: Bin (bit i) = Bin (bit (i+1)) XOR Gay (bit i).
Für MSB, Bin (bit (i+1)) = 0

D	H	Natürliches binär				Gray-Code				BCD-Code MS Nibble				LS Nibble				Excess-3 (nur 0 bis 9)			
0	0	0	0	0	0	0	0	0	0	0	0	0	0	0	0	0	0	0	0	1	1
1	1	0	0	0	1	0	0	0	1	0	0	0	0	0	0	0	1	0	1	0	0
2	2	0	0	1	0	0	0	1	1	0	0	0	0	0	0	1	0	0	1	0	1
3	3	0	0	1	1	0	0	1	0	0	0	0	0	0	0	1	1	0	1	1	0
4	4	0	1	0	0	0	1	1	0	0	0	0	0	0	1	0	0	0	1	1	1
5	5	0	1	0	1	0	1	1	1	0	0	0	0	0	1	0	1	1	0	0	0
6	6	0	1	1	0	0	1	0	1	0	0	0	0	0	1	1	0	1	0	0	1
7	7	0	1	1	1	0	1	0	0	0	0	0	0	0	1	1	1	1	0	1	0
8	8	1	0	0	0	1	1	0	0	0	0	0	0	1	0	0	0	1	0	1	1
9	9	1	0	0	1	1	1	0	1	0	0	0	0	1	0	0	1	1	1	0	0
10	A	1	0	1	0	1	1	1	1	0	0	0	1	0	0	0	0				
11	B	1	0	1	1	1	1	1	0	0	0	0	1	0	0	0	1				
12	C	1	1	0	0	1	0	1	0	0	0	0	1	0	0	1	0				
13	D	1	1	0	1	1	0	1	1	0	0	0	1	0	0	1	1				
14	E	1	1	1	0	1	0	0	1	0	0	0	1	0	1	0	0				
15	F	1	1	1	1	1	0	0	0	0	0	0	1	0	1	0	1				

2.6.2 Addierschaltungen

Betrachten wir die Addition zweier vorzeichenloser Binärzahlen (Abb. 34):

```
        0   1   0   1     Summand A
        0   0   1   1     Summand B
       ─────────────────
            1   1   1     Übertrag C (Carry)
        1   0   0   0     Resultat Y
```

Abb. 40: Addition zweier Binärzahlen

Greifen wir die grau unterlegte Stelle heraus und betrachten sie näher. Wir erkennen, dass eine Addition drei Eingangsgrössen hat (A, B und CI) und zwei Ausgangsgrössen produzieren muss (Y und CO). Das führt zum folgenden kombinatorischen System:

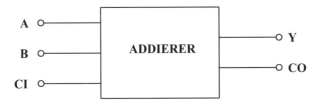

CI = Carry Input, CO = Carry Output

Abb. 41: *Addierschaltung für eine Stelle (Full Adder)*

Diese Schaltung wird auch Volladdierer (engl. Full adder) genannt. Wird sie ohne CI-Eingang gebaut, ergibt sich ein Halbaddierer (engl. Half adder).
Addierschaltungen mit den genannten Eigenschaften sind unter den Typenbezeichnungen 7480, 7482 und 7483 als IC erhältlich.
Volladdierer (VA) können kaskadiert werden, um mehrstellige Binärzahlen zu addieren. Um einen 8-Bit-Addierer zu bauen, braucht man zum Beispiel 8 VA. Es ergibt sich ein „Carry-Ripple-Addierer". In der Praxis wird jeder kaskadierte VA die Schaltung verlangsamen. Um die Addition zu beschleunigen, können verschiedene Techniken genutzt werden, die die Komplexität des Addierers und dessen Kosten beeinflussen. Beispiele von solchen Techniken sind „Carry-Look-Ahead" (Übertragsvorausberechnung) oder „Carry-Skip" (Übertragsumleitung).

Für die Subtraktion kann man, wie mit der Addierschaltung, Vollsubtrahierer entwickeln und kaskadieren. Bei Vorhandensein eines Addierers fällt es leichter, diesen zu modifizieren, um eine ZK-Subtraktion zu implementieren (der Subtrahend wird invertiert und um 1 erhöht).

2.6.3 Multiplexer

Die Funktion eines Multiplexers ist der eines Drehschalters vergleichbar. Der Wert des Ausgangssignals soll gleich dem Wert eines der n Eingangssignale sein. Die Auswahl des Einganges geschieht durch Steuereingänge.

Beschreiben wir die Funktion eines Multiplexers am Beispiel eines Multiplexers mit vier Eingängen X3, X2, X1 und X0, der folglich zur Auswahl zwei Steuereingänge (S1 und S0) braucht.

$$
\begin{aligned}
Y &= X0 && \text{für} && S1 = 0 \text{ und } S0 = 0 \\
&= X1 && \text{für} && S1 = 0 \text{ und } S0 = 1 \\
&= X2 && \text{für} && S1 = 1 \text{ und } S0 = 0 \\
&= X3 && \text{für} && S1 = 1 \text{ und } S0 = 1
\end{aligned}
$$

Wollten wir dieses System nach der klassischen Art mit einer Wahrheitstabelle beschreiben, so würde diese Wahrheitstabelle $2^6 = 64$ Zeilen umfassen, da unser System effektiv sechs Eingangsgrössen aufweist. Entsprechend schwierig dürfte sich da auch die Vereinfachung gestalten. Mit etwas Intuition kann man aber einen Multiplexer auch direkt beschreiben:

$$Y = (X0 \ \& \ !S1 \ \& \ !S0) \ \# \ (X1 \ \& \ !S1 \ \& \ S0) \ \# \ (X2 \ \& \ S1 \ \& \ !S0) \ \# \ (X3 \ \& \ S1 \ \& \ S0)$$

In dieser Funktion, die sich natürlich auch auf mehr Eingänge umschreiben lässt, sind keine „benachbarten" Terme mehr enthalten; offenbar ist die gefundene Form bereits minimal. Auch Multiplexer gehören zu den häufig verwendeten Bausteinen der Digitaltechnik; sie sind deshalb auch in verschiedenen Ausführungen als IC erhältlich. Betrachten wir den Baustein 74151A, einen Multiplexer mit acht Dateneingängen.

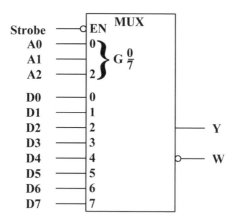

Abb. 42: Der Multiplexer 74151A

A0, A1 und A2 sind die Adress-Eingänge (A0 = LSB), mit denen ein Eingang gewählt (= adressiert) wird. D0 ... D7 sind die entsprechenden Dateneingänge, Y ist der Ausgang, W = !Y. Es fällt auf, dass diese Schaltung noch einen zusätzlichen Eingang S aufweist, den so genannten Strobe-Eingang. Für S = 1 ist Y = 0, unabhängig von dem gewählten Eingang. Für S = 0 arbeitet der Multiplexer normal. Dieser Strobe-Eingang hat verschiedene Funktionen. Einerseits kann man z.B. die Daten mit dem Strobe-Signal erst dann durchschalten, wenn die Signale an den Dateneingängen stabil sind. Die Hauptanwendung des Strobe-Signales ist aber die Möglichkeit, zwei solche 8-Bit-Multiplexer am Ausgang OR zu verknüpfen, um so einen Multiplexer mit 16 Eingängen zu erhalten. Der Strobe-Eingang hätte dann die Funktion eines zusätzlichen Adress-Einganges.

Man kann Multiplexer nicht nur als Daten-Umschalter einsetzen, sondern auch als Ersatz für einfache kombinatorische Schaltungen mit Gates. In diesem Fall dienen die Adresseingänge eigentlich als Variablen-Eingänge, während an den Dateneingängen feste logische Werte anliegen, die den Werten der Ausgangsgrösse für die betreffende Eingangskombination entsprechen. Wir können quasi die Wahrheitstabelle in einem Multiplexer speichern. Als Beispiel soll die Realisierung der Abstimmungsanlage mit einem Multiplexer dienen:

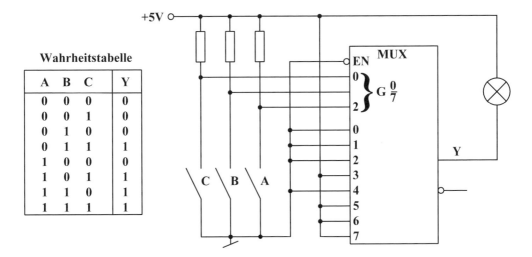

Abb. 43: Abstimmungsanlage mit Multiplexer realisiert

2.7 Übungsaufgaben

2.1 Man wandle unter Anwendung der Schaltalgebra die DNF (A & !B) # (!A & B) in die KNF um.

2.2 Man wandle den Ausdruck A & (B # D) in eine DNF um (die Variable C kommt auch vor).

2.3 Man entwerfe eine nur aus NAND-Gliedern bestehende Schaltung zur Realisierung der EX-OR-Verknüpfung A $ B.

2.4 Oktal-Zahlen umfassen nur die Ziffern 0 ... 7. Man entwerfe die vereinfachten Schaltfunktionen zur Darstellung von Oktal-Zahlen auf einer 7-Segment-Anzeige. Die Eingangsgrössen seien E2, E1 und E0 (E2 = MSB, E0 = LSB).

2.5 Man vereinfache für die in der Theorie behandelte BCD-Anzeige die Funktionen für die Segmente "b" bis "g".

2.6 Zur Ansteuerung einer Lampe soll eine logische Schaltung entwickelt werden. Die Lampe L soll genau dann leuchten, wenn mindestens zwei der vier Eingangsvariablen A, B, C und D wahr sind und A dabei gleichzeitig wahr ist, oder genau dann, wenn mindestens drei Eingangsvariablen 0 sind und dabei C verschieden von D ist. Verlangt ist eine vereinfachte disjunktive Form.

2.7 Folgende Funktionen sollen in die einfachste disjunktive Form gebracht werden:

a) F = (A # !B # C) & (!A # B # !C) & (!A # !B # C)

b) F = (C & ((B & !D) # (!B & D))) # (!A & C & (B # D))
    #(C & D & (A # B)) # (A & D & (!B # !C)) # (A & B)

c) F = ((!B # (A & !C)) & (B # C)) # ((C # !D) & (!C # (A & D)))

2.8 Zwei Faktoren A und B haben je den Wertebereich 0 ... 3. Mit einer Multiplikationslogik soll das Produkt P (Wertebereich 0 ... 9) der beiden Faktoren gebildet werden. Die Faktoren und das Produkt seien binär codiert. Am Ausgang Z soll ausserdem angezeigt werden, ob das Produkt eine gerade ($Z = 1$) oder eine ungerade ($Z = 0$) Zahl ist. Ist das Produkt gleich Null, so gilt $Z = 1$. Gesucht sind die vereinfachten disjunktiven Formen für P (P3, P2, P1 und P0) und Z sowie eine Schaltungsrealisierung. Es stehen dafür nur NAND-Glieder mit je zwei Eingängen zur Verfügung.

2.9 Vier Kessel H1 ... H4 werden elektrisch beheizt. H1 und H2 haben eine Leistung von je 50 kW, H3 und H4 eine solche von je 100 kW. Die elektrische Zuleitung ist jedoch nur für total 200 kW ausgelegt. Wenn ein Kessel eingeschaltet wird, so wird ein Umschaltkontakt Hi ($i = 1 ... 4$) umgelegt; beim Ausschalten des Kessels kehrt der Kontakt in seine Ruhelage zurück. Man entwickle eine möglichst einfache Schaltung, die anzeigt, wann ein Kessel mit niedriger Leistung nicht eingeschaltet werden darf (Signal WN) und wann ein Kessel mit hoher Leistung nicht eingeschaltet werden darf (Signal WH). Das Signal WN hat keine Bedeutung, wenn schon beide Kessel mit niedriger Leistung eingeschaltet sind; das Analoge gilt für das Signal WH. Verlangt ist eine vollständige Schaltung mit allen notwendigen Bauteilen.

2.10 Man entwickle je einen Code-Wandler Binär → Gray und Gray → Binär für 4 Bits. Gesucht sind die einfachsten Realisierungen.

2.11 Man entwickle einen Code-Wandler, der den Excess-3-Code in den normalen BCD-Code umwandelt. Verlangt sind die einfachsten disjunktiven Formen.

2.12 Man versuche, eine Addierschaltung für eine Stelle zu entwerfen. Verlangt sind die Wahrheitstabelle, die vereinfachten disjunktiven Formen und die Realisierung mit beliebigen Gliedern.

2.13 Wie wird ein Addierwerk für mehrstellige Binärzahlen realisiert?

2.14 Man prüfe das Verfahren von Quine/McCluskey für das Beispiel von Seite 41 (Segment "e" der Anzeige für BCD-Ziffern) nach und verifiziere die dort gefundenen Primterme.

3

Speicherbausteine

Speicherbausteine, häufig auch einfach als *Flip-Flop* (FF) bezeichnet, sind Schaltungen, die in der Lage sind, einen von zwei möglichen Zuständen für eine unbegrenzte Zeit anzunehmen. In der älteren Literatur werden Flip-Flops auch noch als **bistabile Multivibratoren** bezeichnet.

Je nach innerem Aufbau und der Funktionsweise unterscheidet man verschiedene FF-Typen. Geordnet nach der Art der Steuereingänge unterscheidet man RS-FF, D-FF und JK-FF. Je nach der Art des Takteinganges unterscheidet man ungetaktete, taktzustandsgesteuerte und flankengetriggerte Flip-Flops sowie Master-Slave-FF. Im Prinzip sind fast alle Kombinationen möglich; in der Praxis kommen nur wenige Typen häufig vor.

Im folgenden Abschnitt wollen wir am Beispiel des RS-FF alle möglichen Taktsteuerungen untersuchen, unbekümmert darum, ob das betreffende FF im Handel erhältlich sei oder nicht. Anschliessend wollen wir noch die in der Praxis verfügbaren D- und JK-FF untersuchen.

3.1 Das RS-Flip-Flop

3.1.1 Das ungetaktete RS-Flip-Flop

Das ungetaktete RS-FF ist die wichtigste Speicherzelle, ja es ist die Speicherzelle schlechthin. Wir werden noch sehen, dass alle anderen FF-Arten auf dem ungetakteten RS-FF aufbauen.

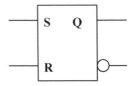

Abb. 44: *Symbol eines RS-Flip-Flops*

Das ungetaktete RS-FF hat zwei Eingänge: S (SET, Setzen) und R (RESET, Rücksetzen) sowie zwei komplementäre Ausgänge Q und !Q. Der Zustand der Ausgänge Q und !Q wird durch den Zustand der Eingänge und durch die Vorgeschichte bestimmt.

Bei Speicherbausteinen spielt jetzt auch die Zeit noch eine Rolle; wir führen deshalb noch folgende Schreibweisen ein:

Q_n sei der Ausgang unmittelbar vor dem Zeitpunkt t_n
Q_{n+1} sei der Ausgang nach dem Zeitpunkt t_n

Der Zeitpunkt t_n charakterisiert dabei den Zeitpunkt, zu dem irgendein Wechsel bei den FF-Signalen auftritt.

S	R	Q_{n+1}
0	0	Q_n
0	1	0
1	0	1
1	1	-

Abb. 45: *Wahrheitstabelle des RS-Flip-Flops*

Das Verhalten des RS-FF kann durch die oben stehende Wahrheitstabelle (Abb. 45) beschrieben werden. Man erkennt, dass für R = S = 0 der Ausgang Q sich nicht ändert; man sagt dann, das Flip-Flop befinde sich im **Speicherzustand**. Mit S = 1 bzw. mit R = 1 kann der Ausgang explizit auf 1 bzw. auf 0 gesetzt werden (Setzen bzw. Rücksetzen des FF).

Der Eingangszustand S = R = 1 führt zu einem undefinierten Zustand in der Wahrheitstabelle. Dieser Eingangszustand, der übrigens logisch in sich widersprüchlich ist (man kann nicht ein FF gleichzeitig Setzen und Rücksetzen), darf nicht auftreten. Andernfalls haben wir keine Gewissheit, welcher Ausgangszustand sich einstellen wird. Das Verhalten eines RS-Flip-Flops in diesem Fall hängt sehr stark von der Art der technischen Realisierung ab. Bei gewissen Schaltungen wird diese Eingangskombination zugelassen, um bei der verwendeten Technologie bestimmte Resultate zu erhalten. Wir wollen uns aber nicht um den inneren Aufbau von Schaltelementen kümmern, also ist für uns dieser Zustand unsinnig und damit zu vermeiden.

Schaltalgebraisch kann das Verhalten des RS-FF durch folgende Beziehung angegeben werden:

$$Q_{n+1} = (!R_n \& Q_n) \# (S_n \& !R_n)$$

Unter der Voraussetzung (S & R) = 0 (der Zustand R = S = 1 tritt niemals auf) erhalten wir etwas einfacher:

$$Q_{n+1} = (!R_n \& Q_n) \# S_n$$

Für die Realisierung eines ungetakteten RS-Flip-Flops gibt es verschiedene Möglichkeiten:

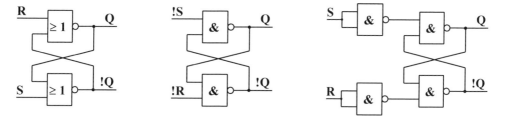

Abb. 46: Realisierungsmöglichkeiten für RS-Flip-Flops

Auf den ersten Blick scheint die Realisierung mit NOR-Gliedern am einfachsten zu sein; bei genauerer Analyse hat aber auch hier wieder die Realisierung mit NAND-Gliedern letztlich Vorteile.

Bevor wir andere Flip-Flop-Typen näher untersuchen, müssen wir auf das Zeitverhalten der logischen Glieder (NOT, NAND, NOR etc.) etwas näher eingehen. Die Kenntnis der genauen zeitlichen Abläufe ist nämlich eine Voraussetzung für das Verständnis der weiteren Flip-Flops. Betrachten wir den genauen zeitlichen Verlauf der Signale bei einem Inverter:

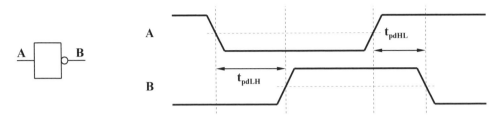

Abb. 47: Zeitlicher Verlauf der Signale bei einem Inverter

Man rechnet üblicherweise mit der Verzögerungszeit t_{pd} (propagation delay time). Diese Zeit bezeichnet die Zeitdifferenz zwischen dem Durchschreiten eines definierten Pegels (1.5V bei TTL) von Ein- und Ausgangssignal. Der Index LH bzw. HL bezeichnet dabei die Richtung des Übergangs der Ausgangsflanke. Die beiden Verzögerungszeiten sind im Allgemeinen unterschiedlich lang. Der Einfachheit halber rechnet man daher häufig mit einer mittleren Verzögerungszeit

$$t_{pd} = \frac{t_{pdLH} + t_{pdHL}}{2}$$

Bei Standard-TTL-Bausteinen sowie bei den heute vorwiegend verwendeten CMOS-Familien (HC bzw. HCT) beträgt die mittlere Verzögerungszeit $t_{pd} \approx 10$ ns, bei den schnellen Logik-Familien wie der Reihe AS (Advanced Schottky Logik) liegt der Wert bei etwa 2 ns. Untersuchen wir die genauen zeitlichen Verhältnisse bei einem RS-FF, das aus NAND-Gliedern aufgebaut ist:

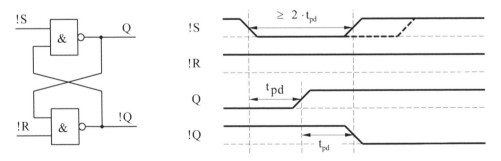

Abb. 48: Signalverlauf bei einem aus NAND-Gliedern realisierten RS-Flip-Flop

Ein Impuls am Setzeingang muss offenbar mindestens so lange andauern, bis der Ausgang !Q auf 0 gewechselt hat und damit den Ausgang Q auf 1 halten kann, auch wenn der Setzimpuls wieder verschwindet (bzw. das Flip-Flop wieder in den Speicherzustand übergeht). Diese Mindestdauer beträgt offensichtlich $2 \cdot t_{pd}$ (bzw. ca. 20 ns bei TTL-Logik). Die gleichen Überlegungen gelten auch für einen Impuls am Reset-Eingang !R.

3.1.2 Das taktzustandsgesteuerte RS-Flip-Flop

Beim ungetakteten RS-FF ändert sich der Ausgang sofort nach einer Änderung an den Eingängen R und S. In vielen Fällen möchte man aber den Zeitpunkt der Datenübernahme in den Speicher etwas genauer bestimmen bzw. den Speicher zeitweise von den Eingängen „abtrennen". Man kann das durch die folgende, etwas erweiterte Schaltung realisieren:

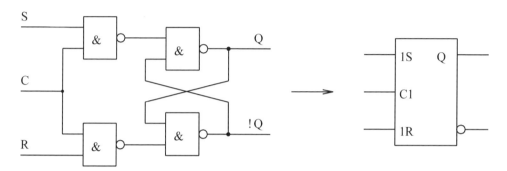

Abb. 49: Schema eines taktzustandsgesteuerten RS-Flip-Flops

Ein 0-Signal am Eingang C bewirkt, dass die Ausgänge beider NAND-Glieder auf 1 liegen (unabhängig von den Eingangssignalen S und R); damit ist die eigentliche Speicherzelle im Speicherzustand (d.h. der bisherige Zustand wird beibehalten). Für C = 1 verhält sich die Schaltung genau gleich wie das ungetaktete RS-FF. Zur Illustration des Schaltverhaltens diene die folgende Sequenz:

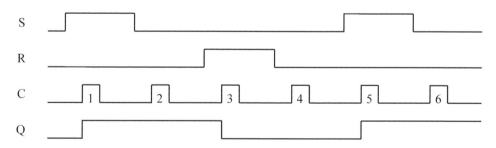

Abb. 50: Schaltverhalten des taktzustandsgesteuerten RS-Flip-Flops

Man erkennt, dass sich der Setzimpuls nicht sofort auf den Ausgang Q auswirkt. Erst mit dem Auftreten des Taktimpulses 1 wird der Ausgang auf 1 gesetzt. Der Taktimpuls 2 hat keine Wirkung, da zu jenem Zeitpunkt sowohl S als auch R den Wert 0 haben und damit das FF im Speicherzustand ist. Das Gleiche gilt auch für die Taktimpulse 4 und 6.

Das ungetaktete RS-FF und das taktzustandsgesteuerte RS-FF mit C = 1 haben beide die Eigenschaft, dass sich Änderungen an den Eingängen sofort und unmittelbar auf die Ausgänge auswirken. Man nennt deshalb diese Flip-Flops *transparent* (weil man vom Eingang sozusagen zum Ausgang „durchblicken" kann). In vielen Anwendungen ist diese Eigenschaft sehr unerwünscht; wir werden später sehen, dass sich mit transparenten Flip-Flops beispielsweise keine Zähler aufbauen lassen.

Wenn wir zum Vergleich eine Türe heranziehen, die für C = 1 offen steht, sodass man von einem Raum (Eingang) in den anderen (Ausgang) sieht, so bieten sich zwei Methoden an, diesen Durchblick zu verhindern, ohne dabei den Verkehr zu verunmöglichen. Die eine Methode wäre eine Doppeltür nach dem Schleusenprinzip; dabei muss immer eine der beiden Türen geschlossen bleiben. Beim Öffnen der ersten Tür gelangt man zunächst in einen Vorraum; nach dem Schliessen der ersten Türe wird die zweite Türe geöffnet und man gelangt in den Ausgangsraum. Als zweite Methode käme die Montage eines automatischen Türschliessers in Frage. In diesem Fall sieht man zwar direkt vom Eingang zum Ausgang, aber nur für eine ganz kurze Zeit.

3.1.3 Das Master-Slave RS-Flip-Flop

Eine nach dem erwähnten Schleusenprinzip funktionierende Schaltung könnte wie folgt realisiert werden:

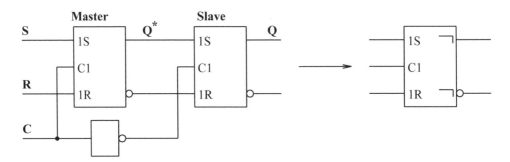

Abb. 51: Master-Slave RS-Flip-Flop

Bei der Analyse des Zeitverhaltens der elementaren NAND-Speicherzelle haben wir festgestellt, dass es die Zeit t_{pd} dauert, ehe der erste Ausgang (!Q) sich ändert. Im Falle des taktzustandsgesteuerten Flip-Flops kommt noch eine Laufzeit dazu, d.h. frühestens $2 \cdot t_{pd}$ nach der steigenden Taktflanke ändern sich die Ausgänge des Masters. Bereits nach t_{pd} ist aber der Takt des Slave-FF auf 0, und damit ist das Slave-FF im Speicherzustand. Die fallende Flanke des Taktes C bewirkt eine sofortige Sperrung des Master-FF und eine anschliessende Übertragung der im Master gespeicherten Informationen in das Slave-Flip-Flop. Mit der steigenden Taktflanke werden offenbar die Eingangsdaten in das Master-Flip-Flop übertragen; mit der fallenden

Flanke (also etwas verzögert) erscheinen sie an den Ausgängen des Slave-Flip-Flops. Diese Verzögerung wird im Symbol durch die „Haken" an den Ausgängen verdeutlicht. Zur Triggerung benötigen wir einen vollständigen Puls (mit ansteigender und abfallender Flanke); man nennt deshalb diesen Flip-Flop-Typ auch **pulsgetriggert**. Zur Illustration wollen wir auch hier nochmals das Zeitverhalten anhand einer einfachen Sequenz zeigen:

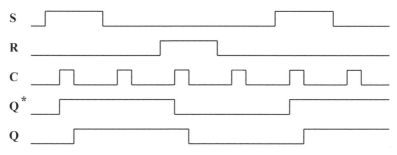

Abb. 52: Zeitverhalten des MS-RS-Flip-Flops

Man sieht hier deutlich, dass der Slave um die Breite eines Taktimpulses hinter dem Master herhinkt.

3.1.4 Das flankengetriggerte RS-Flip-Flop

Hier geht es um die Realisierung eines „Türschliessers". Betrachten wir das Zeitverhalten der nachstehenden Schaltung etwas genauer.

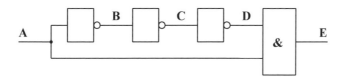

Abb. 53: Impulserzeugung durch Verzögerungskette

Wie aus der folgenden Darstellung hervorgeht, erzeugt die Schaltung am Ausgang E einen Impuls der Länge $3 \cdot t_{pd}$, und zwar ausgelöst durch die steigende Flanke des Eingangssignales A. Die fallende Flanke von A bewirkt keine Änderung am Ausgang.

60 Kombinatorische Logik und Schaltalgebra

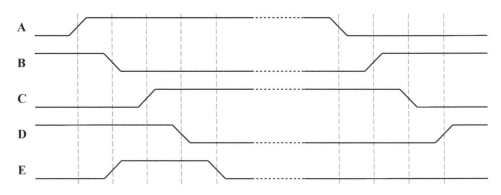

Abb. 54: Signalverlauf beim Impulserzeuger

Der so erzeugte Impuls ist gerade lang genug, um als Taktsignal für ein taktzustandsgesteuertes RS-Flip-Flop zu dienen. Die entsprechende Schaltung könnte wie folgt realisiert werden:

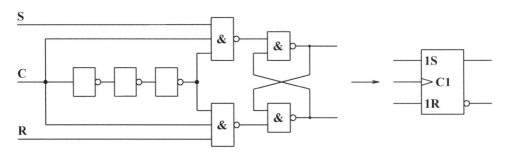

Abb. 55: Realisierungsmöglichkeit eines flankengetriggerten RS-Flip-Flops

Im Symbol wird die Flankentriggerung durch ein Dreieck beim Takteingang dargestellt. Falls das Flip-Flop auf die fallende Flanke triggern sollte, wird das zusätzlich durch einen Negationskreis auf der Aussenseite des Takteinganges gekennzeichnet.

Der innere Aufbau des flankengetriggerten Flip-Flops sei hier nur beispielhaft aufgezeigt. Es gibt auch andere technologische Methoden zur Realisierung einer Flankentriggerung. Das gilt auch für den inneren Aufbau eines Master-Slave-Flip-Flops. Die hier gezeigten Schaltungen, bei denen übrigens auch ausschliesslich NAND-Glieder verwendet wurden, sind zwar funktionsfähig, aber von der Realisierung her nicht unbedingt optimal. Wir arbeiten deshalb meistens mit Flip-Flops, wie sie als IC erhältlich sind. Der innere Aufbau jener Flip-Flops kümmert uns nicht, wir müssen nur die äusseren Eigenschaften kennen.

3.2 Das D-Flip-Flop

Ein entscheidender Nachteil des RS-Flip-Flops ist die Eigenschaft, dass der Eingangszustand R = S = 1 zu einem unsicheren Ausgangszustand führt, also verboten ist. Es ist die Aufgabe des Schaltungsentwicklers, dafür zu sorgen, dass dieser Eingangszustand nie auftritt. Man könnte natürlich auch durch eine einfache schaltungstechnische Massnahme diesen verbotenen Zustand verunmöglichen, indem man R = !S erzwingt. Diese Forderung lässt sich durch Einschalten eines Inverters zwischen den Eingängen S und R realisieren. Auf diese Weise entsteht ein Flip-Flop, das nur noch einen einzigen Dateneingang D aufweist. In der folgenden Darstellung sind die beiden gebräuchlichen D-FF-Typen (das taktzustandsgesteuerte und das flankengetriggerte D-FF) gezeigt.

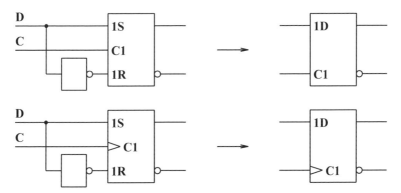

Abb. 56: Realisierung eines taktzustandsgesteuerten (oben) bzw. eines flankengetriggerten (unten) D-Flip-Flops

Da hier auch nur noch zwei Eingangszustände möglich sind, erhalten wir eine sehr einfache Wahrheitstabelle: $Q_{n+1} = D_n$. Gegenüber dem RS-Flip-Flop fällt auf, dass zwar der „verbotene" Zustand verschwunden ist; mit ihm ist aber auch der an sich ganz praktische Speicherzustand (R = S = 0) verschwunden.

D-Flip-Flops existieren wie bereits erwähnt in zwei Ausführungen: taktzustandsgesteuert (auch ***D-Latch***[5] genannt) oder flankengetriggert. Das taktzustandsgesteuerte D-Flip-Flop ist transparent, das flankengetriggerte D-FF ist nicht transparent. Wir wollen nun untersuchen, was es mit dieser Eigenschaft der Transparenz eigentlich auf sich hat. Betrachten wir eine Schaltung, bei der wir den Ausgang !Q auf den D-Eingang zurückführen. An den Eingang C legen wir ein Taktsignal und beobachten den Ausgang Q in beiden Fällen.

---

[5] Latch (engl.): Riegel, Schnappschloss.

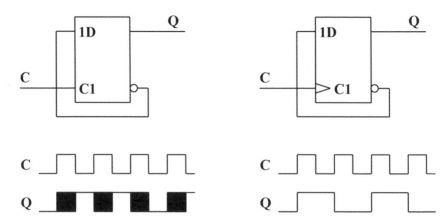

Abb. 57: Verhalten eines transparenten und eines nicht transparenten D-Flip-Flops

Beim taktzustandsgesteuerten D-Flip-Flop wirkt sich eine Änderung am D-Eingang sofort auf den Ausgang aus, solange das Taktsignal C gleich 1 ist. In unserem Beispiel bedeutet das, dass der Ausgang Q des Flip-Flops oszilliert, solange C gleich 1 ist und auf einem zufälligen Wert 0 oder 1 bleibt, sobald C gleich 0 wird. Diese Schaltung ist also in dieser Form völlig unbrauchbar.

Beim flankengetriggerten D-Flip-Flop liegen die Verhältnisse etwas anders. Hier wird mit der steigenden Flanke des Taktsignals der zu jenem Zeitpunkt am D-Eingang anliegende Wert an den Ausgang geschrieben und das Flip-Flop sofort wieder in den internen Speicherzustand gebracht. Erst bei der nächsten steigenden Flanke des Taktsignals kann wieder eine Änderung am Ausgang erfolgen. Diese Schaltung könnte z.B. als Frequenzhalbierer eingesetzt werden.

3.3 Das JK-Flip-Flop

Im letzten Abschnitt haben wir das flankengetriggerte (nicht transparente) D-Flip-Flop mit der Rückführung D = !Q kennengelernt. Dieses Flip-Flop arbeitet offensichtlich als Frequenzhalbierer. Wir können die gleiche Konfiguration auf verschiedene Arten realisieren. Jede der in der folgenden Darstellung gezeigten Schaltungen hat in diesem Sinne die gleiche Eigenschaft. Als Endprodukt dieser Umwandlung erhalten wir ein RS-Flip-Flop mit S = !Q und R = Q.

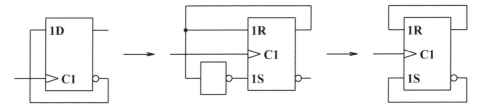

Abb. 58: *Alternative Form eines D-Flip-Flops mit D = !Q*

Aus dieser letzten Form können wir durch Vorschalten von AND-Gliedern wieder neue Eingänge schaffen und haben damit das so genannte JK-Flip-Flop realisiert. Es leuchtet bei dieser Herleitung ein, dass es nur nicht transparente JK-Flip-Flops geben kann, also nur flanken- oder pulsgetriggerte (Master-Slave-)JK-Flip-Flops.

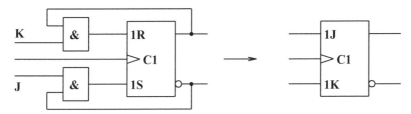

Abb. 59: *Das JK-Flip-Flop*

Durch eingehende Analyse dieser Schaltung gewinnen wir die Wahrheitstabelle des JK-Flip-Flops. Sie ist praktisch gleich der des RS-Flip-Flops, mit der einzigen Ausnahme, dass der beim RS-FF verbotene Zustand R = S = 1 hier sinnvoll genutzt wird. Für J = K = 1 ändert das Flip-Flop nämlich bei jedem Taktimpuls (bzw. bei jeder Taktflanke) seinen Ausgangszustand. Man spricht in diesem Fall auch vom Toggle[6]-Betrieb.

J	K	Q_{n+1}
0	0	Q_n
0	1	0
1	0	1
1	1	$!Q_n$

Abb. 60: *Wahrheitstabelle des JK-Flip-Flops*

Der Eingang J ist also in einem erweiterten Sinn ein Setz-Eingang (entspricht S), der Eingang K ist entsprechend ein Rücksetz-Eingang (R). Dank dieser Eigenschaften ist das JK-Flip-Flop das universellste Flip-Flop. Es ist dementsprechend auch das

---

[6] Toggle (engl.): Knebelknopf; toggle switch: Kippschalter.

meistgebrauchte in allgemeinen sequentiellen Schaltungen. Das JK-Flip-Flop wird durch den folgenden schaltalgebraischen Ausdruck beschrieben:

$$Q_{n+1} = (J_n \ \& \ !Q_n) \ \# \ (!K_n \ \& \ Q_n)$$

3.4 Ergänzungen und Anwendungen

3.4.1 Preset und Clear

Viele Flip-Flops haben ausser den Steuereingängen D bzw. J/K noch weitere Eingänge, mit denen man die Ausgänge *asynchron*, d.h. unabhängig vom Taktsignal, setzen bzw. rücksetzen kann. In den Datenbüchern werden die entsprechenden Signale auch Preset (→ Q = 1) und Clear (→ Q = 0) genannt. Gemäss der heute gültigen IEC-Norm werden aber diese Signale ganz gewöhnlich mit S und R bezeichnet. Im folgenden Bild ist als Beispiel die gesamte Schaltung und das zugehörige IEC-Symbol eines pulsgetriggerten (Master-Slave-)JK-Flip-Flops mit asynchronen Setz- und Rücksetz-Eingängen gezeichnet.

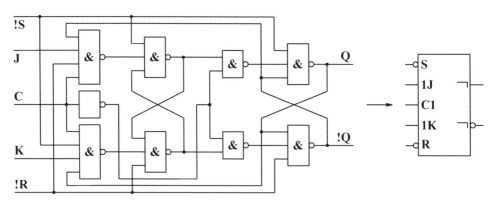

Abb. 61: Master-Slave-JK-Flip-Flop mit asynchronen Setz- und Rücksetz-Eingängen

Man erkennt hier klar, dass die Signale S bzw. R direkt auf die NAND-Glieder am Ausgang wirken, also völlig unabhängig vom Zustand des Taktsignales. Im Symbol wird das dadurch ausgedrückt, dass das Taktsignal mit C1 bezeichnet wird. Die **1** erscheint auch bei den Eingangssignalen J und K: **1K** und **1J**. Diese *Abhängigkeits-Notation* bedeutet, dass die Signale J und K nicht unmittelbar wirken, sondern durch das Signal C freigegeben werden. In dieser Schreibweise wird dem *steuernden* Signal eine Ziffer nachgestellt, die davon *gesteuerten* Signale erhalten dieselbe Ziffer vorangestellt. Die Signale S und R tragen im Symbol keine solche Ziffer, was bedeutet, dass sie ihre Wirkung direkt und unmittelbar entfalten. Bei manchen Flip-Flops ist auch nur einer der beiden asynchronen Eingänge vorhanden, also Preset *oder* Clear.

Es gibt auch Anwendungen, die das Setzen oder Zurücksetzen eines Flip-Flops erst bei aktivem Takt verlangen. Man spricht von **synchroner** Initialisierung. Das Flip-Flop wird erst gesetzt oder zurückgesetzt, wenn Preset oder Clear aktiv ist und der Takt aktiv wird.
Abbildung 62 zeigt die Unterschiede zwischen einem D-Flip-Flop mit einem asynchronen Clear (Ausgang Q1) und einem D-Flip-Flop mit synchronem Clear (Ausgang Q2). Der D-Eingang für beide Flip-Flops ist auf Logik 1.

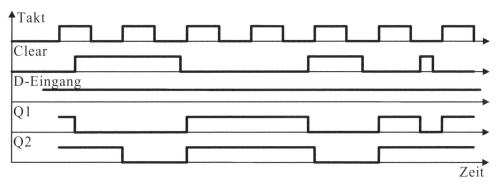

Abb. 62: *Signalverlauf nach einem asynchronen (Q1) oder synchronen (Q2) Clear (D-Flip-Flop)*

3.4.2 Der Takt

Das Taktsignal wird gebraucht, um die Schaltkreisaktionen zu koordinieren. So kann man genau steuern, wann Daten in Flip-Flops gelesen werden sollen. Das Taktsignal oszilliert zwischen Logik 1 und Logik 0. Da der Takt eine wichtige Rolle in synchronen Systemen spielt, wollen wir hier seine wichtigsten Merkmale beschreiben.
Frequenz: Die Taktfrequenz beschreibt, wie oft das Signal sich pro Sekunde wiederholt. Einheit ist Hz.
Periode: Die Taktperiode wird in Sekunden gemessen. Sie ist die Umkehrung der Frequenz und setzt sich aus der Summe von Impulsdauer (T_{ein}) und Pausendauer (T_{aus}) zusammen. $T = T_{ein} + T_{aus}$
Tastgrad (engl. Duty cycle): Ein Takt besteht aus einem Teil, in dem das Signal auf Logik 1 ist (T_{ein}), und einem Teil, in dem das Signal auf Logik 0 ist (T_{aus}). Der Duty Cycle beschreibt die Grösse des Impulsanteils, verglichen mit der ganzen Periode.
Duty Cycle = $T_{ein} / (T_{ein} + T_{aus}) = T_{ein} / T$

Anstiegszeit (engl. Rise time): Beschreibt, wie schnell das Signal von 0 zu 1 wechselt.

Abfallzeit (engl. Fall time): Beschreibt, wie schnell das Signal von 1 zu 0 wechselt.

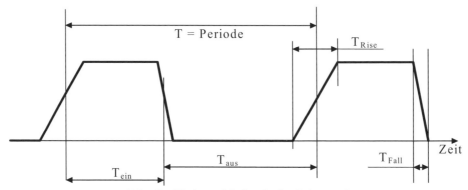

Abb. 63: *Wichtige Merkmale des Taktsignals*

Anstiegs- und Abfallzeiten sind oft sehr klein im Vergleich zu der Taktperiode. Üblicherweise werden in der Messtechnik Anstiegs- und Abfallzeiten zwischen 10% und 90% des Signalpegels gemessen.

3.4.3 Gebräuchliche Typen

a) ungetaktete Flip-Flops

Ungetaktete RS-Flip-Flops werden üblicherweise durch NAND-Glieder realisiert (½ 7400).

74118 sechs !S-!R-Latches mit gemeinsamem Reset
74279 vier !S-!R-Latches

b) taktzustandsgesteuerte Flip-Flops

7475 zwei 2-Bit D-Latches mit Enable[7]
74116 zwei 4-Bit D-Latches mit Enable und Clear
74363 8-Bit D-Latch mit Enable und Tri-State-Ausgängen[8]

---

[7] Enable (engl.): befähigen. Diese Ausdrucksweise („FF mit Enable") umschreibt genau das taktzustandsgesteuerte Flip-Flop mit dem Takteingang C.

[8] Tri-State-Ausgänge sind Ausgänge, die drei verschiedene Zustände annehmen können: High, Low und noch einen hochohmigen (inaktiven) Zustand. In diesem Zustand erscheint der Ausgang wie nicht vorhanden (quasi unterbrochene Leitung).

c) pulsgetriggerte Flip-Flops (MS-FF)

7472 JK-Master-Slave-Flip-Flop mit je drei Eingängen, Preset und Clear
7476 zwei JK-Master-Slave-Flip-Flops mit Preset und Clear
74111 zwei JK-Master-Slave-Flip-Flops mit Preset, Clear und Data Lockout[9]

d) flankengetriggerte Flip-Flops

7470 JK-Flip-Flop mit je drei Eingängen, Preset und Clear
7474 zwei D-Flip-Flops mit Preset und Clear
74112 zwei JK-Flip-Flops mit Preset und Clear

3.4.4 Anwendungs-Beispiele

Kontakt-Entprellung

Mechanische Kontakte zeigen die Eigenschaft des Prellens, d.h. der Kontakt schliesst zwar, prellt dann aber wieder etwas zurück und öffnet wieder etc., bis er endlich dauerhaft geschlossen bleibt. Diese Eigenschaft ist in vielen Anwendungen äusserst störend.

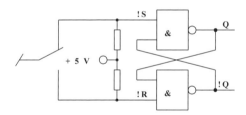

Abb. 64: Entprell-Schaltung für einen Umschalt-Kontakt

Die oben stehende Schaltung (Abb. 64) zeigt, wie man einen mechanischen Umschaltkontakt durch ein RS-Flip-Flop so ergänzt, dass die Schaltersignale entprellt an den Flip-Flop-Ausgängen zur Verfügung stehen.

In der gezeichneten Schalterstellung ist !S = 0 und !R = 1, das RS-Flip-Flop wird also gesetzt, und damit ist Q = 1. Wird die Kontaktzunge etwas bewegt und kein Kontakt ist geschlossen, so ist !S = !R = 1, das Flip-Flop ist also im Speicherzustand, und Q bleibt auf 1. Bei der ersten Berührung des unteren Kontaktes wird !R = 0 und

---

[9] Unter Data Lockout versteht man eine interne Schutzeinrichtung, die gewisse Probleme verhindert, die beispielsweise entstehen, wenn bei einem JK-MS-FF der J-Eingang von 0 auf 1 und wieder zurück auf 0 wechselt, während der Takteingang auf 1 liegt. **Anregung:** Man versuche die hier angesprochenen Vorgänge nachzuvollziehen.

damit das Flip-Flop auf Q = 0 gesetzt. Ein vorübergehendes Öffnen des unteren Kontaktes bringt das Flip-Flop wieder in den Speicherzustand, ändert also nichts am Ausgang Q, der auf 0 bleibt. Erst ein kurzzeitiges Schliessen des oberen Kontaktes lässt das Flip-Flop wieder zurückkippen. Prellende Kontakte werden also durch diese Schaltung zuverlässig entprellt. Die Schaltung würde nur dann nicht wunschgemäss funktionieren, wenn der Schalter so stark prellen würde, dass die Kontaktzunge zwischen den beiden Kontakten pendelte; ein solcher Schalter verdient aber seinen Namen nicht mehr und muss ohnehin ausgewechselt werden.

Falls als Schalter nur ein einfacher Kontakt (Arbeits- oder Ruhekontakt) zur Verfügung steht, ist diese Schaltung nicht geeignet. In diesen Fällen müssen andere Wege gesucht werden, zum Beispiel RC-Glieder in Kombination mit Schmitt-Trigger-Bausteinen. Beispiele für solche Schaltungen findet man in der Literatur oder auch in Datenblättern bzw. Application Notes der Halbleiter-Hersteller.

Erstlings-Melder

Falls festgestellt werden muss, auf welcher von n Leitungen zuerst ein Impuls anliegt, so kann die folgende Schaltung gute Dienste leisten:

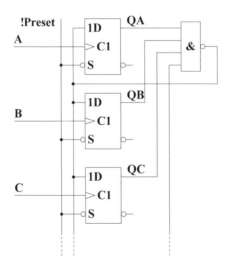

Abb. 65: Erstlings-Melder

Mit dem Preset-Signal werden alle FF-Ausgänge QA, QB, QC ... auf 1 gebracht. Der Ausgang des NAND-Gliedes und damit alle D-Eingänge sind jetzt auf 0. Sobald bei einem der Flip-Flops ein Taktsignal eintrifft, wird diese am D-Eingang liegende 0 vom Ausgang des betreffenden Flip-Flops übernommen. Damit geht der Ausgang des

NAND-Gliedes auf 1. Da jetzt wieder alle D-Eingänge auf 1 liegen, bewirkt ein Taktsignal an einem der anderen Flip-Flops keine Änderung des Ausgangszustandes. Das „gewinnende" Flip-Flop hat also als einziges eine 0 am Ausgang. Durch einen erneuten Preset-Impuls kann die Schaltung wieder „scharf" gemacht werden. Ein weiterer Impuls am Takteingang des Sieger-Flip-Flops hätte übrigens die gleiche Wirkung. Die Schaltung ist, wie in der Zeichnung angedeutet, im Prinzip beliebig erweiterbar.

3.5 Übungsaufgaben

3.1 Ein D-Latch mit der Rückführung D = !Q oszilliert, solange der Takteingang auf 1 liegt (vergleiche Abb. 57). Man zeichne eine entsprechende Schaltung mit NAND-Gliedern, untersuche die genauen zeitlichen Verläufe der Signale und bestimme daraus die Frequenz der entstehenden Schwingung.

3.2 Die nachstehende Schaltung ist eine alternative Möglichkeit zur Realisierung eines flankengetriggerten D-Flip-Flops.

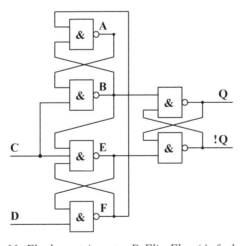

Abb. 66: Flankengetriggertes D-Flip-Flop (Aufgabe 3.2)

Man analysiere das Verhalten dieser Schaltung, indem man die genauen zeitlichen Verläufe der Signale A ... Q für die verschiedenen Möglichkeiten der Eingangssignale untersucht. (Q = 0, D = 1, C wechselt von 0 auf 1, C wechselt wieder von 1 auf 0, D = 0, C wechselt wieder von 0 auf 1 etc. ...)

3.3 Was spielt sich genau ab in einem JK-Master-Slave-Flip-Flop, wenn während der Zeit, da das Taktsignal auf 1 liegt, z.B. der Eingang J von 0 auf 1 und wieder zurück wechselt? Vergleiche dazu die Fussnote 9 im Abschnitt 3.4.3 zum Thema *Data Lockout*!

3.4 Wie verläuft in der folgenden Schaltung das Ausgangssignal Y? Was könnte der Sinn einer solchen Schaltung sein?

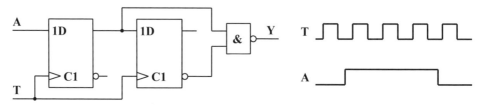

Abb. 67: *Schaltung zu Aufgabe 3.4*

3.5 Man suche in der Literatur (Datenbücher von Texas Instruments oder National Semiconductors) die Begriffe *setup time* und *hold time* und erkläre sie in verständlicher Form. Wie gross wären diese Zeiten z.B. für das in Aufgabe 3.2 vorgestellte D-Flip-Flop?

4

Zähler

Zähler sind die einfachsten Formen von Schaltungen der sequentiellen Logik, also von Schaltungen, die Speicher enthalten. In ihrer ursprünglichsten Form sind Zähler Schaltungen zur Zählung von Impulsen. Wenn man mit n Speichern (Flip-Flops) arbeitet, so kann der Zähler 2^n verschiedene Ausgangszustände haben; er kann also von 0 bis 2^n-1 zählen. Es ist dabei nicht notwendig, dass im natürlichen Binärcode gezählt wird; es sind auch andere Codes denkbar. Durch eine weitere Abstraktion kommt man zu einer anderen Interpretation des Zählers:

Ein Zähler ist eine Schaltung, die nach einem Taktimpuls von einem Ausgangszustand in einen vorbestimmten anderen Zustand übergeht.

Man unterscheidet je nach der Art der Taktansteuerung zwischen *synchronen* und *asynchronen* Zählern. Bei synchronen Zählern erhalten alle Flip-Flops den gleichen Taktimpuls, schalten also gleichzeitig um. Asynchrone Zähler verwenden für jedes Flip-Flop einen eigenen Takt, der in der Regel vom Ausgang eines anderen Flip-Flops abgeleitet wird. Synchrone Schaltungen sind schneller, einem systematischen Entwurf zugänglich und zuverlässiger. Als Nachteil ist der in vielen Fällen leicht höhere Aufwand zu nennen. Asynchrone Schaltungen haben aber doch einige so grosse Nachteile, dass man nur in absoluten Ausnahmefällen auf sie zurückgreifen sollte.

4.1 Synchrone Zähler

Damit bei einem synchronen Zähler ein definierter Wechsel von einem bestimmten Ausgangszustand in einen ebenso vorbestimmten nächstfolgenden Zustand erfolgen kann, müssen aus den aktuellen Ausgangsgrössen des Speichers die benötigten neuen Anregungsfunktionen J_i und K_i (bei Verwendung von D-Flip-Flops die Anregungsfunktion D_i) berechnet werden, damit beim Eintreffen eines Taktimpulses der gewünschte neue Zustand eintrifft. Es versteht sich von selbst, dass in einem Zähler keine transparenten Flip-Flops verwendet werden können. Aus den bisherigen Überlegungen folgt die allgemeine Struktur eines synchronen Zählers, im Folgenden am Beispiel eines 3-Bit-Zählers mit JK-Flip-Flops gezeichnet (Abb. 68).

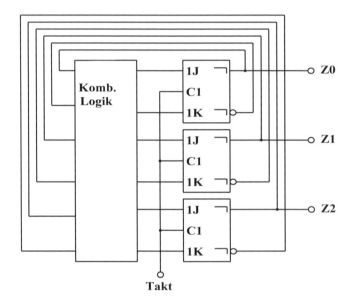

Abb. 68: Grundstruktur eines synchronen Zählers (Beispiel mit 3 Bits)

Unter der **Synthese** eines synchronen Zählers verstehen wir den Entwurf der kombinatorischen Logik, die ja das Verhalten des Zählers festlegt. Dieses Entwurfsverfahren soll anhand konkreter Beispiele erläutert werden. Das erste Beispiel – ein elektronischer Würfel – mag zwar reichlich abgedroschen erscheinen, eignet sich aber sehr gut, um die Grundprinzipien des Zählerentwurfs zu zeigen.

4.1.1 Elektronischer Würfel (Version 1)

Das Grundprinzip des elektronischen Würfels ist sehr einfach: Wir lassen einen Zähler mit einer hohen Taktfrequenz im natürlichen Binärcode zyklisch von 1 bis 6 zählen. Zu einem willkürlichen Zeitpunkt wird der Takt gestoppt. Der momentane

Synchrone Zähler 73

Zählerstand ist nun eine beliebige Zahl zwischen 1 und 6 und kann als Würfelresultat zur Anzeige gebracht werden.

Zu Beginn eines Entwurfsprozesses muss die Zahl der Speicherelemente festgelegt werden. In unserem Beispiel haben wir 6 verschiedene Ausgangszustände, also benötigen wir mindestens drei Flip-Flops. Der Typ des Flip-Flops spielt hier auch eine (eher unwesentliche) Rolle. Wir entscheiden uns für negativ flankengetriggerte JK-Flip-Flops des Typs SN74112. Ausgehend von der Wahrheitstabelle des JK-Flip-Flops wollen wir noch die ***Übergangstabelle*** entwickeln, die die für einen bestimmten Übergang benötigten Werte für J und K enthält.

J	K	Q_{n+1}		Übergang	J	K
0	0	Q_n		0 → 0	0	X
0	1	0	↔	0 → 1	1	X
1	0	1		1 → 1	X	0
1	1	$!Q_n$		1 → 0	X	1

Nach diesen Vorbereitungen können wir die ***Zählertabelle*** aufstellen; wie bereits festgelegt, soll unser Zähler im natürlichen Binärcode zählen.

W	Z2	Z1	Z0	J2	K2	J1	K1	J0	K0
1	**0**	0	1	**0**	**X**	1	X	X	1
2	**0**	1	0	0	X	X	0	**1**	**X**
3	0	**1**	1	1	X	**X**	1	X	1
4	1	**0**	0	X	0	0	X	1	X
5	1	0	1	X	0	1	X	X	1
6	**1**	1	0	**X**	**1**	X	1	1	X
1	**0**	0	1	← damit der Zyklus geschlossen bleibt					

In der Zählertabelle sind beispielhaft einige Korrespondenzen in Fettdruck ausgeführt. So gehören zum fettgedruckten Übergang 0 → 0 der Variablen Z2 die ebenfalls fettgedruckten Werte 0 und X für J2 und K2 in der ersten Zeile. Die Zählertabelle ist gleichzeitig die Wahrheitstabelle für die gesuchte kombinatorische Logik. Diese Wahrheitstabelle ist unvollständig, denn die Zustände **0** = [0 0 0] und **7** = [1 1 1] kommen im normalen Zählzyklus nicht vor. Um diese Don't cares von den X in der Wahrheitstabelle zu unterscheiden, wollen wir die entsprechenden Felder im Karnaugh-Diagramm leer lassen. Bei der Blockbildung müssen wir daran denken, dass leere Felder gleich behandelt werden sollen wie die Felder mit X. Den Grund für diese Unterscheidung werden wir später erkennen. Es müssen nur jene Kolonnen der Wahrheitstabelle vereinfacht werden, die mindestens eine "0" enthalten; für alle anderen Kolonnen kann die entsprechende Variable einfach "1" gesetzt werden. In unserem Beispiel gilt deshalb J0 = K0 = 1; das Flip-Flop Z0 ändert also bei jedem Takt seinen Zustand.

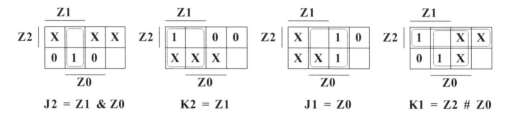

Abb. 69: Karnaugh-Diagramme für die Flip-Flop-Anregungsfunktionen

Die kombinatorische Logik unseres Würfelzählers wird durch die folgenden Gleichungen beschrieben:

$$\begin{aligned}
J2 &= Z1 \ \& \ Z0 &&= !(!(Z1 \ \& \ Z0)) \\
K2 &= Z1 \\
J1 &= Z0 \\
K1 &= Z2 \ \# \ Z0 &&= !(!Z2 \ \& \ !Z0) \\
J0 &= 1 \\
K0 &= 1
\end{aligned}$$

Abschliessend stellt sich die Frage, was geschieht, wenn sich der Zähler nach dem Einschalten der Betriebsspannung oder nach einer Störung im Zustand 0 = [0 0 0] oder im Zustand 7 = [1 1 1] befinden sollte. Diese Zustände treten ja im normalen Zählzyklus nicht auf. Eine systematische Untersuchung kann relativ leicht in Form der nachstehenden Tabelle gemacht werden.

Z2	Z1	Z0	J2	K2	J1	K1	J0	K0	Z2'	Z1'	Z0'
0	0	0	0	0	0	0	1	1	0	0	1
1	1	1	1	1	1	1	1	1	0	0	0

Links in der Tabelle werden alle Zustände aufgelistet, die nicht im definierten Zählzyklus enthalten sind. Anschliessend werden die sich für einen bestimmten Zustand ergebenden Anregungsfunktionen J_i und K_i aufgrund der eben gefundenen logischen Gleichungen berechnet. Daraufhin kann mit Kenntnis der Flip-Flop-Eigenschaften der sich nach dem Takt einstellende neue Zustand Z' des Flip-Flops bestimmt werden. Wir sehen aus der obigen Tabelle, dass sich unser Zähler vom Zustand 7 = [1 1 1] in den Zustand 0 = [0 0 0] bewegt und von dort in den Zustand 1 = [0 0 1]; anschliessend wird wieder der gewünschte Zyklus durchlaufen.

Das Verhalten eines Zählers kann recht anschaulich in grafischer Form durch ein **Zustandsdiagramm** (engl. state diagram) beschrieben werden. Für solche Zustandsdiagramme gelten die folgenden Vereinbarungen:

Ein Zustand wird durch einen Kreis symbolisiert. Die mitten in den Kreis geschriebene Dezimalzahl n entspricht dem dezimalen Wert des Zustandes, wenn die einzelnen Flip-Flop-Ausgänge als Bits einer Binärzahl interpretiert werden. Diese Zustände werden durch Linien mit Pfeilen verbunden; die Pfeilrichtung gibt dabei an, in welcher Richtung der Übergang erfolgt.

Unser Zähler wird also durch das folgende Zustandsdiagramm beschrieben.

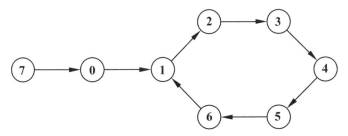

Abb. 70: Zustandsdiagramm des Würfel-Zählers

Aus diesem Zustandsdiagramm entnehmen wir, dass die „verbotenen" Zustände 0 und 7 keine Gefahr bedeuten, sie münden automatisch in den Hauptzyklus des Zählers ein. Das muss nicht immer so sein, es könnte für einen Zähler auch das folgende Zustandsdiagramm resultieren:

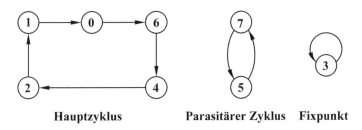

Hauptzyklus   **Parasitärer Zyklus   Fixpunkt**

Abb. 71: Hypothetisches Zustandsdiagramm

Das Zustandsdiagramm eines funktionstüchtigen Zählers darf weder parasitäre Zyklen noch Fixpunkte enthalten. Falls die Kontrolle nach dem Zählerentwurf doch einmal zeigen sollte, dass das Zustandsdiagramm Fixpunkte oder parasitäre Zyklen enthält, so müssten die Anregungsfunktionen anders berechnet werden. Man muss in diesen Fällen die leeren Felder in den Karnaugh-Diagrammen untersuchen und diesen Feldern allenfalls einen anderen, definierten Wert zuweisen, um sicherzustellen, dass alle Zustände in den Hauptzyklus einmünden. Dieser Prozess kann nicht mehr ganz nach Schema gemacht werden; das Rezept heisst hier Intuition und Probieren.

Kehren wir wieder zum Würfel zurück. Es fehlt noch eine Anzeige des Würfelresultates im gewohnten Format mit 1 bis 6 Augen. Wir würden dazu 7 Lämpchen bzw. LED (Leuchtdioden) benötigen. Eine genauere Analyse zeigt aber, dass gewisse LED niemals allein leuchten, sondern immer zusammen mit einer anderen LED. Wir haben es genau genommen mit vier Gruppen von LED zu tun, die wir gemäss der nachstehenden Abbildung bezeichnen wollen.

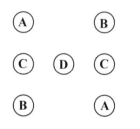

Abb. 72: *Anzeige des Würfelbildes*

Die beiden mit A bezeichneten Dioden leuchten immer gemeinsam, ebenso die mit B und C bezeichneten. Lediglich die Diode D leuchtet allein. Wir benötigen also noch eine weitere kombinatorische Logik, die aus den drei Ausgangssignalen Z2, Z1 und Z0 des Zählers die für die Ansteuerung der Anzeige notwendigen vier Signale A, B, C und D berechnet. Wegen der Technologie der TTL-Schaltkreise werden Lasten immer zwischen TTL-Ausgang und der Betriebsspannung angeschlossen. Das bedeutet, dass eine Diode nur dann leuchtet, wenn der betreffende TTL-Ausgang auf Low-Potential (also bei positiver Logik auf 0) liegt. Unter Berücksichtigung dieser Eigenschaft erhalten wir die folgende Wahrheitstabelle:

W	Z2	Z1	Z0	A	B	C	D
1	0	0	1	1	1	1	0
2	0	1	0	0	1	1	1
3	0	1	1	0	1	1	0
4	1	0	0	0	0	1	1
5	1	0	1	0	0	1	0
6	1	1	0	0	0	0	1

Für die vereinfachten logischen Funktionen erhalten wir mit Hilfe von (hier nicht gezeichneten) Karnaugh-Diagrammen:

$$\begin{aligned} A &= \ !Z2\ \&\ !Z1 = \ !(!(!Z2\ \&\ !Z1)) \\ B &= \ !Z2 \\ C &= \ !Z2\ \#\ !Z1 = \ !(Z2\ \&\ Z1) \\ D &= \ !Z0 \end{aligned}$$

Für die gesamte Logik benötigen wir drei Flip-Flops (2 x 74112), vier NAND-Glieder (1 x 7400) sowie 2 Inverter (1 x 7404), also insgesamt 4 Bausteine, die aber zum Teil nicht voll ausgenützt werden.

4.1.2 Elektronischer Würfel (Version 2)

Man könnte sich nun fragen, ob man nicht besser einen Zähler mit vier Flip-Flops gebaut hätte, dessen Ausgänge dann direkt die Dioden ansteuern würden. In diesem Falle würde die Ausgangslogik wegfallen. Der Zähler wäre dann tatsächlich kein Zähler mehr im üblichen Sinne, sondern eben ein System, das mit jedem Taktimpuls von einem Zustand in einen nächstfolgenden schaltet.

Die entsprechende Zählertabelle hätte dann folgendes Aussehen:

W	Z	A	B	C	D	JA	KA	JB	KB	JC	KC	JD	KD
1	14	1	1	1	0	X	1	X	0	X	0	1	X
2	7	0	1	1	1	0	X	X	0	X	0	X	1
3	6	0	1	1	0	0	X	X	1	X	0	1	X
4	3	0	0	1	1	0	X	0	X	X	0	X	1
5	2	0	0	1	0	0	X	0	X	X	1	1	X
6	1	0	0	0	1	1	X	0	X	0	X	X	1
1	14												

78   Zähler

Zur Vereinfachung der logischen Funktionen müssen wir nur die Spalten berücksichtigen, in denen mindestens eine 0 vorkommt. Es gilt hier offensichtlich KA = JC = JD = KD = 1. Bei aufmerksamer Betrachtung der Wahrheitstabelle erkennt man weiter, dass gilt: JA = JB = !C. Für die Vereinfachung mit Karnaugh-Diagramm haben wir nur noch KB und KC zu untersuchen.

Für die Logik erhalten wir also:

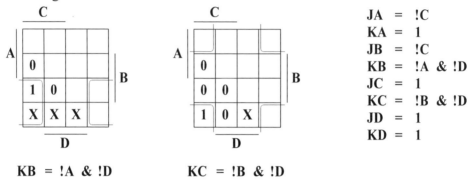

JA = !C
KA = 1
JB = !C
KB = !A & !D
JC = 1
KC = !B & !D
JD = 1
KD = 1

Abb. 73: Karnaugh-Diagramme und logische Gleichungen für den Würfelzähler

Die Logik wird also eher einfacher als beim ersten Zähler. Nun müssen wir den Entwurf noch auf parasitäre Zyklen und Fixpunkte untersuchen. Da wir nur 6 von 16 Zuständen im Hauptzyklus ausnützen, wird diese Untersuchung etwas umfangreicher als im letzten Beispiel, die Methode ist aber die gleiche. Auf der linken Seite tragen wir alle Zustände auf, die im Hauptzyklus nicht auftreten, berechnen dann die sich einstellenden Werte für die Anregungsfunktionen J und K und daraus den sich ergebenden neuen Zustand Z'.

A	B	C	D	Z	JA	KA	JB	KB	JC	KC	JD	KD	A'	B'	C'	D'	Z'
0	0	0	0	0	1	1	1	1	1	1	1	1	1	1	1	1	15
0	1	0	0	4	1	1	1	1	1	0	1	1	1	0	1	1	11
0	1	0	1	5	1	1	1	0	1	0	1	1	1	1	1	0	14
1	0	0	0	8	1	1	1	0	1	1	1	1	0	1	1	1	7
1	0	0	1	9	1	1	1	0	1	0	1	1	0	1	1	0	6
1	0	1	0	10	0	1	0	0	1	1	1	1	0	0	0	1	1
1	0	1	1	11	0	1	0	0	1	0	1	1	0	0	1	0	2
1	1	0	0	12	1	1	1	0	1	0	1	1	0	1	1	1	7
1	1	0	1	13	1	1	1	0	1	0	1	1	0	1	1	0	6
1	1	1	1	15	0	1	0	0	1	0	1	1	0	1	1	0	6

Mit diesen Angaben können wir das vollständige Zustandsdiagramm des Zählers zeichnen.

Synchrone Zähler 79

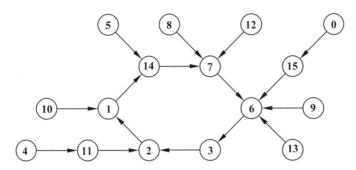

Abb. 74: Vollständiges Zustandsdiagramm des Würfelzählers (Version 2)

Das Zustandsdiagramm weist weder parasitäre Zyklen noch Fixpunkte auf; der Zähler dürfte problemlos funktionieren. Längstens zwei Taktzyklen nach einer Störung befindet sich der Zähler wieder im Hauptzyklus. Der gesamte Aufwand beschränkt sich auf vier Flip-Flops (2 x 74112), zwei NAND-Glieder und zwei Inverter (1 x 7400). Wir benötigen also nur drei Schaltkreise, einen weniger als mit der ersten Lösung. An diesem Beispiel erkennen wir, dass ein Zähler nicht notwendigerweise komplizierter wird, wenn mehr Flip-Flops verwendet werden, als zur Lösung einer Aufgabe unbedingt erforderlich sind. Manchmal führt das Abgehen vom klassischen Zählerkonzept auch zu einer Vereinfachung. Hier noch das vollständige Schaltschema des Würfelzählers:

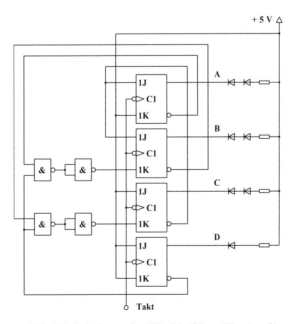

Abb. 75: Schaltung des Würfelzählers (Version 2)

Die Drucktaste zur Steuerung des Würfels ist hier nicht eingezeichnet, im Übrigen ist das Schema vollständig. Damit ein Strom von ca. 10 mA durch die Dioden fliesst, müssen die Widerstände in den Zweigen A, B und C den Wert von 150 Ω haben, der Widerstand im Zweig D muss 330 Ω betragen (der Spannungsabfall an einer roten LED beträgt 1.6 ... 1.8 V).

4.1.3 Dekadenzähler mit D-Flip-Flops

Zähler können natürlich auch mit D-Flip-Flops realisiert werden. Als Beispiel betrachten wir die Realisierung einer BCD-Zähldekade. Bei Verwendung von D-Flip-Flops wird die Übergangstabelle des Flip-Flops sehr einfach, indem ja nach dem Takt der Wert, der vor dem Takt am D-Eingang lag, an den Ausgang übertragen wird. Wir erhalten damit die folgende Zählertabelle:

W	Z3	Z2	Z1	Z0	D3	D2	D1	D0
0	0	0	0	0	0	0	0	1
1	0	0	0	1	0	0	1	0
2	0	0	1	0	0	0	1	1
3	0	0	1	1	0	1	0	0
4	0	1	0	0	0	1	0	1
5	0	1	0	1	0	1	1	0
6	0	1	1	0	0	1	1	1
7	0	1	1	1	1	0	0	0
8	1	0	0	0	1	0	0	1
9	1	0	0	1	0	0	0	0
0	0	0	0	0				

Wir sehen sofort, dass D0 = !Z0 gesetzt werden muss. Weiter fällt auf, dass keine Don't cares auftreten; Grund dafür ist, dass das D-Flip-Flop weder einen Speicherzustand noch einen Toggle-Betrieb kennt. Zähler mit D-Flip-Flops werden also immer eine kompliziertere Logik aufweisen als solche mit JK-Flip-Flops. Unter Verwendung von Karnaugh-Diagrammen erhalten wir für die Anregungsfunktionen folgende Resultate:

D3 = (Z3 & !Z0) # (Z1 & Z2 & Z0)
D2 = (Z2 & !Z0) # (Z2 & !Z1) # (!Z2 & Z1 & Z0)
D1 = (Z1 & !Z0) # (!Z3 & !Z1 & Z0)
D0 = !Z0

Auch in diesem Beispiel müssen wir den Zähler auf parasitäre Zyklen und Fixpunkte untersuchen. Dazu verwenden wir dieselbe Methode wie bei den Beispielen mit JK-Flip-Flops. Da aber die aktuellen Werte an den D-Eingängen gerade dem zukünftigen Ausgangszustand entsprechen, können wir darauf verzichten, die Spalten für den Ausgangszustand separat aufzuschreiben.

W	Z3	Z2	Z1	Z0	D3	D2	D1	D0	W'
10	1	0	1	0	1	0	1	1	11
11	1	0	1	1	0	1	0	0	4
12	1	1	0	0	1	1	0	1	13
13	1	1	0	1	0	1	0	0	4
14	1	1	1	0	1	1	1	1	15
15	1	1	1	1	1	0	0	0	8

Auch bei diesem Zähler münden alle kritischen Zustände nach maximal zwei Taktzyklen in den Hauptzyklus ein.

4.1.4 Binärzähler

Zähler im natürlichen Binärcode sind so häufig, dass man sie in integrierter Form erhalten kann. Unter der Vielzahl von entsprechenden Zählern greifen wir als Beispiel den Baustein 74193 heraus. Es handelt sich dabei um einen synchronen 4-Bit-Vorwärts-Rückwärtszähler mit Clear und der Möglichkeit, den Zähler mit einem bestimmten Wert zu laden (Preset).

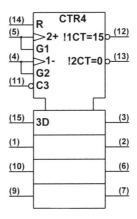

Abb. 76: Symbol für den synchronen Binärzähler 74193

Abbildung 76 zeigt das Symbol für den 74193 gemäss IEC-Normen. Betrachten wir Pin 5. Dieser Anschluss geht einerseits auf einen flankengetriggerten Eingang (2+), andererseits aber auch auf einen Eingang, der mit G1 bezeichnet ist. Das G bedeutet, dass alle Signale, die eine 1 enthalten, für ihre Wirksamkeit mit diesem Eingang G1 &-verknüpft sind. Als Erläuterung betrachten wir nochmals den flankengetriggerten Eingang 2+. Diese Notation bedeutet, dass an diesem Takteingang eintreffende Impulse vorwärts gezählt werden, vorausgesetzt, dass der andere Takteingang auf 1 (H) steht. Der Eingang R (Pin 14) ist ein asynchroner Clear-Eingang; für R = 1 wird der ganze Zähler auf 0 gesetzt. Der Eingang C3 (Pin 11) ist ein Lade-Eingang; wenn Pin 11 auf 0 (L) ist, werden die Daten an den Eingängen 3D (Pins 15, 1, 10 und 9) an die entsprechenden Ausgänge geschrieben. Die Bezeichnung "CTR4" in der Mitte des Kopfes heisst, dass es sich um einen vierstufigen Binärzähler handelt. Am rechten Rand des Kopfes befinden sich noch zwei Ausgänge: Borrow und Carry. Die Buchstabenkombination "CT" bedeutet hier soviel wie „content", also Inhalt. "!1CT = 15" bedeutet, dass dieser Ausgang wahr (= 1) ist, wenn der Zählerstand 15 beträgt und das Taktsignal an Pin 5 auf 0 ist. Entsprechendes gilt für "!2CT = 0". Im unteren Teil des Symbols sind die Flip-Flops gezeichnet, dabei ist nur das oberste Flip-Flop beschriftet. Das bedeutet, dass die unteren Flip-Flops genau gleich beschriftet wären. Bei der Reihenfolge der Flip-Flops ist festgelegt, dass das MSB zuunterst und das LSB zuoberst gezeichnet wird. Das ganze Verhalten des Zählerbausteins lässt sich also aus dem Symbol ablesen, Datenblätter sind weitgehend überflüssig.

Zähler mit mehr als vier Bits lassen sich durch Kaskadierung von solchen Bausteinen 74193 realisieren, indem die Ausgänge Carry und Borrow mit den entsprechenden Takteingängen des nächsten Bausteins verbunden werden (Pin 12 mit 5, 13 mit 4). Allerdings ist ein solcher Zähler nicht mehr rein synchron, jeweils die vier Bits eines Bausteins werden synchron gezählt, die Gruppen à vier Bits werden hingegen asynchron gezählt.

Der Baustein SN74192 hat genau die gleichen Eigenschaften, ist aber ein Dekadenzähler; das Symbol würde sich nur in der Bezeichnung von dem des SN74193 unterscheiden: anstelle von "CTR4" würde dann "CTRDIV10" stehen (der Ausdruck "!1CT = 15" wird entsprechend durch "!1CT = 9" ersetzt).

Beide Bausteine sind sehr universell einsetzbar, da neben dem Zählen in beiden Zählrichtungen auch noch die Möglichkeiten des Nullsetzens und des Ladens mit einem bestimmten Zählerstand vorhanden sind.

4.2 Asynchrone Zähler

Im Gegensatz zu den synchronen Schaltungen werden bei den asynchronen nicht alle Flip-Flops vom gleichen externen Taktsignal angesteuert, sondern nur mindestens eines. Die übrigen Flip-Flops werden von den Ausgängen bzw. von Funktionen der Ausgänge der anderen Flip-Flops angesteuert. Wegen dieser Vielfalt der Ansteuerungsmöglichkeiten existieren keine allgemeinen Entwurfsverfahren für asynchrone Schaltwerke. Der Schaltungsentwurf erfolgt deshalb weitgehend intuitiv. Falls wir uns auf asynchrone Schaltwerke beschränken, bei denen die Flip-Flops entweder durch das Taktsignal oder dann durch direkte oder invertierte Ausgänge anderer Flip-Flops angesteuert werden (Funktionen von Ausgängen sind nicht zugelassen), können wir ein Entwurfsverfahren anwenden, das relativ übersichtlich ist und uns die Arbeit etwas erleichtert. Wir wollen dieses Verfahren anhand des Beispiels eines asynchronen Dekadenzählers erläutern.

4.2.1 Asynchroner Dekadenzähler

Wir wollen einen asynchronen Dekadenzähler mit negativ flankengetriggerten JK-Flip-Flops aufbauen. Bei diesem Flip-Flop-Typ wird die an den Eingängen anliegende Information mit der fallenden Taktflanke an den Ausgang übertragen. Wie wir gleich sehen werden, muss diese Festlegung des verwendeten Flip-Flop-Typs vor dem Schaltungsentwurf erfolgen. Dabei spielt besonders eine Rolle, ob die zu speichernde Information mit der steigenden oder mit der fallenden Taktflanke an den Ausgang übertragen wird, was beim Entwurf eines synchronen Zählers bekanntlich keinen Einfluss auf den Entwurfsprozess hat. Für den Entwurf stellen wir eine Tabelle auf. Diese zerfällt in eine *Zustandstabelle*, eine *Übergangstabelle*, eine *Takttabelle* und in eine *Anregungstabelle*.

Zustandstabelle	In dieser Tabelle werden die nacheinander auftretenden Zustände des Zählers aufgelistet.
Übergangstabelle	Jeder Übergang (Wechsel des Zustandes) eines Flip-Flops wird in dieser Tabelle eingetragen. Nun wird ein Signal gesucht (Takt oder Ausgang eines anderen Flip-Flops), das *mindestens* bei jedem hier eingetragenen Übergang eine fallende Flanke aufweist, also als Taktsignal verwendet werden kann.
Takttabelle	Hier werden *alle* fallenden Flanken des eben gefundenen Taktsignales eingetragen. Die nicht benötigten Flanken werden z.B. durch Einkreisen markiert.
Anregungstabelle	Wir müssen die Anregungsfunktionen nur an jenen Stellen vorschreiben, an denen das Flip-Flop gemäss der Takttabelle einen Taktimpuls erhält. Bei allen anderen Zuständen

84 Zähler

spielen die Anregungsfunktionen keine Rolle, können also als Don't care eingetragen werden. Bei Verwendung von JK-Flip-Flops kann man sich sogar noch viel Arbeit ersparen, wenn man beachtet, dass in Kolonnen, in denen keine markierten (eingekreisten) Taktflanken vorkommen, das betreffende Flip-Flop bei jeder Taktflanke den Zustand wechseln muss, also einfach $J = K = 1$ gesetzt werden kann. Wir müssen also nur für die Kolonnen mit markierten Taktflanken die Anregungsfunktionen berechnen.

Damit erhalten wir die folgende Entwurfstabelle:

Zustandstabelle				Übergangstabelle				Takttabelle				Anregungstabelle							
A	B	C	D	A	B	C	D	TA =D	TB =C	TC =D	TD =T	JA	KA	JB	KB	JC	KC	JD	KD
0	0	0	0				↗				x	X	X			X	X		
0	0	0	1			↗	↘	⊗		x	x	0	X			1	X		
0	0	1	0				↗				x	X	X			X	X		
0	0	1	1	↗	↘	↘	↘	⊗	x	x	x	0	X			X	1		
0	1	0	0				↗				x	X	X			X	X		
0	1	0	1			↗	↘	⊗		x	x	0	X			1	X		
0	1	1	0				↗				x	X	X			X	X		
0	1	1	1	↗	↘	↘	↘	x	x	x	x	1	X			X	1		
1	0	0	0				↗				x	X	X			X	X		
1	0	0	1	↘			↘	x		⊗	x	X	1			0	X		
0	0	0	0																

Zunächst wird die Übergangstabelle aus der Zustandstabelle entwickelt. Man erkennt, dass das Flip-Flop D immer kippt, man kann es also mit einem externen Takt T ansteuern. Das Flip-Flop C ändert seinen Zustand fast jedesmal, wenn das Flip-Flop D von 1 auf 0 wechselt, also eine fallende Flanke produziert. Man kann deshalb das Signal D auch als Takt für das Flip-Flop C wählen, allerdings muss der letzte Takt markiert werden (C darf nicht wechseln). Das Signal C wiederum ist ohne Einschränkungen das ideale Taktsignal für das Flip-Flop B. Bei der Suche nach einem geeigneten Taktsignal für das Flip-Flop A sieht man schnell, dass hier nur das Signal D in Frage kommt, dies trotz der drei markierten Zustände. Nachdem so die Takttabelle gefunden wurde, muss man für die Kolonnen, die markierte Takte aufweisen, die notwendigen Anregungsfunktionen berechnen und in die Anregungstabelle eintragen. Die Wahrheitstabelle ist unvollständig, weil der Zähler nur 10 der 16 möglichen Zustände annimmt. Die nicht vorkommenden Zustände werden wie im Falle der synchronen Zähler durch Don't cares eingetragen. Da die Flip-Flops B und D keine markierten Taktflanken aufweisen, wurden die Kolonnen JB, KB, JD und KD gar nicht ausgefüllt; es gilt einfach JB = KB = JD = KD = 1. Letztlich brauchen wir nur die beiden Kolonnen JA und JC auszuwerten, da nur in diesen Kolonnen mindestens eine 0 auftritt. Nach der Vereinfachung (mit Hilfe von Karnaugh-Diagrammen) erhalten wir für die vollständige Zählerlogik:

$$\begin{aligned}
JA &= B \& C & KA &= 1 \\
JB &= 1 & KB &= 1 \\
JC &= !A & KC &= 1 \\
JD &= 1 & KD &= 1
\end{aligned}$$

Die Logik wird also doch etwas einfacher als bei einem synchronen Zähler. Selbstverständlich müssen aber auch hier noch die Zustände überprüft werden, die nicht zum Hauptzyklus gehören; wir müssen das vollständige Zustandsdiagramm berechnen. Dabei genügt es, wenn wir die Flip-Flops A und C untersuchen, die Flip-Flops B und D wechseln ja in jedem Fall ihren Zustand. Andererseits müssen wir zuerst überprüfen, ob das betreffende Flip-Flop überhaupt einen Taktimpuls erhält; wenn nicht, bleibt der vorherige Zustand erhalten. Diese Untersuchungen können wieder anhand einer Tabelle gemacht werden:

Aktueller Zustand				Anregungstabelle				Takttabelle				Neuer Zustand			
A	B	C	D	JA	KA	JC	KC	TA =D	TB =C	TC =D	TD =T	A'	B'	C'	D'
1	0	1	0	0	1	0	1				x	1	0	1	1
1	0	1	1	0	1	0	1	x	x	x	x	0	1	0	0
1	1	0	0	0	1	0	1				x	1	1	0	1
1	1	0	1	0	1	0	1	x		x	x	0	1	0	0
1	1	1	0	1	1	0	1				x	1	1	1	1
1	1	1	1	1	1	0	1	x	x	x	x	0	0	0	0

Beim Erstellen dieser Tabelle geht man so vor, dass man links alle Zustände notiert, die nicht zum Hauptzyklus gehören (in diesem Beispiel sind es die Zustände 10 ... 15). Daraus können dann die tatsächlich auftretenden Werte der Anregungsfunktionen bestimmt werden. Die Anregungsfunktionen JB, KB, JD und KD fehlen hier, da sie immer 1 sind. Als nächstes kann man die Takttabelle für das Flip-Flop D ausfüllen, das ja am externen Takt hängt, also immer getaktet wird. Das Flip-Flop D ändert bei jedem Takt seinen Zustand; die Kolonne D' kann also sofort ausgefüllt werden. Das Signal D dient seinerseits auch als Taktsignal für die Flip-Flops A und C. Man sucht sich alle Zeilen, in denen das Signal D einen Übergang 1 → 0 macht und trägt in den Kolonnen TA und TC die Trigger-Kreuzchen ein. Jetzt kann man auch die neuen Werte A' und C' berechnen. Das Flip-Flop B wird durch das Signal C getriggert, also muss man wieder die Zeilen suchen, in denen C einen Übergang 1 → 0 macht und die entsprechenden Trigger-Kreuzchen setzen. Damit können auch für das Flip-Flop B die neuen Werte B' bestimmt werden, und die Tabelle ist vollständig. Wie bereits erwähnt, ändert sich der Zustand eines Flip-Flops nur, wenn auch ein Taktsignal auftritt.

Mit diesen Angaben lässt sich das vollständige Zustandsdiagramm des Dekadenzählers konstruieren:

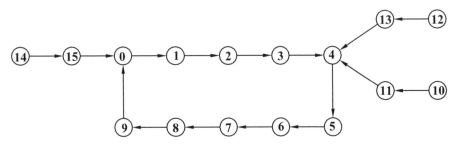

Abb. 77: Zustandsdiagramm einer asynchronen Zähldekade

Nachstehend ist das vollständige Schaltbild des asynchronen Dekadenzählers mit JK-Flip-Flops gezeichnet. Die Logik wird im Allgemeinen einfacher als bei einer vergleichbaren synchronen Schaltung. Besonders augenfällig wird dieser Vorteil bei asynchronen reinen Binärzählern, die überhaupt keine Logik benötigen.

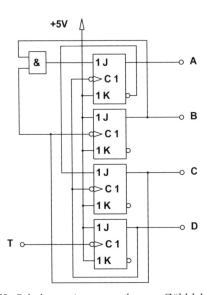

Abb. 78: Schaltung einer asynchronen Zähldekade

Andererseits haben gerade solche Zähler gravierende Nachteile, die wir noch etwas genauer untersuchen wollen. Betrachten wir dazu einen 10-Bit-Binärzähler in asynchroner Bauweise. Der Ausgang des einen Flip-Flops liefert das Taktsignal der

nächstfolgenden Stufe. Nehmen wir nun an, ein Flip-Flop habe eine Verzögerungszeit (Zeit von der Triggerflanke bis zur Änderung des Ausganges) von z.B. 20 ns, so dauert es ca. 200 ns, bis der Zähler den Übergang vom Zustand 1023 (= 2^{10} - 1) zum Zustand 0 abgeschlossen hat. Wenn nun vor Ablauf dieser Zeit am Eingang wieder ein neuer Taktimpuls erscheint, so beginnen die vordersten Flip-Flops bereits wieder zu kippen, während die hintersten noch nicht einmal den letzten Taktimpuls fertig verarbeitet haben. Das hat zur Folge, dass der momentane Zählerstand nichts mit der Zahl der eingetroffenen Impulse zu tun hat. Bei einer Stopp-Uhr wäre es beispielsweise nicht möglich, eine Zwischenzeit abzuspeichern. Dieser Nachteil (relativ kleine Zählfrequenzen) und der grössere Aufwand beim Entwurf und bei der Analyse haben dazu geführt, dass asynchrone Zähler bei Schaltungsentwicklern zunehmend unbeliebter wurden und heute eigentlich nur noch in Ausnahmefällen verwendet werden.

4.3 Übungsaufgaben

4.1 Man realisiere einen synchronen 3-Bit-Zähler im natürlichen Binärcode unter Verwendung von RS-Master-Slave-Flip-Flops. Es ist darauf zu achten, dass der Zustand R = S = 1 nie auftreten darf.

4.2 Man entwerfe einen synchronen Zähler mit JK-Flip-Flops für die Zählsequenz 0 - 1 - 2 - 3 - 4 - 5 - 0 - 1 ... . Verlangt wird die Zählerlogik und das Zustandsdiagramm.

4.3 Gesucht ist das vollständige Zustandsdiagramm des durch die folgenden Funktionen beschriebenen synchronen Zählers: JA = KA = !D, JB = D, KB = !A, JC = B, KC = !B, JD = C, KD = !C. Dabei gilt: A = LSB, D = MSB.

4.4 Gesucht ist eine synchrone Schaltung zur Steuerung einer Verkehrsampel. Die Schaltung habe einen Takteingang T und die drei Ausgänge ROT, GELB und GRUEN. Hierbei soll für ROT = 1 die rote Lampe leuchten usw. Die Schaltfolge der Ampel sei grün - gelb - rot - rot/gelb - grün - gelb - rot - ... . Es stehen JK-Flip-Flops und NAND-Glieder zur Verfügung.

4.5 Man entwerfe einen synchronen Zähler mit D-Flip-Flops, der gemäss dem nachstehenden Zustandsdiagramm arbeitet (A = MSB, C = LSB). Verlangt sind die Schaltfunktionen D_i.

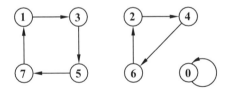

Abb. 79: Zustandsdiagramm zu Aufgabe 4.5

4.6 Gesucht ist ein *asynchroner* Zähler (3 Bits) mit negativ flankengetriggerten JK-Flip-Flops, der im Gray-Code rückwärts zählt.

4.7 Man entwickle eine synchrone Schaltung, die aus dem Eingangssignal X das Ausgangssignal Y produziert.

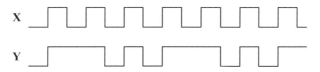

Abb. 80: Signalverläufe zu Aufgabe 4.7

Hinweis: Man überlege sich die Periodendauer des Ausgangssignales und entwickle einen entsprechenden Zähler. Kann der Ausgang direkt durch einen Flip-Flop-Ausgang gebildet werden (Voraussetzungen dafür)?

4.8 Gesucht ist das vollständige Zustandsdiagramm des unten stehenden synchronen Zählers.

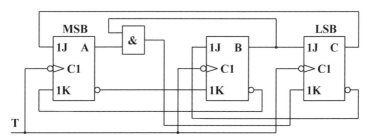

Abb. 81: Zählerschaltung zu Aufgabe 4.8

4.9 Welche besonderen Probleme können in asynchronen Zählern bei Verwendung von JK-Master-Slave-Flip-Flops auftreten?

5

Register und Schieberegister

Register dienen zur Speicherung von Informationen. In Digitalsystemen werden sie zur kurzfristigen Speicherung von einigen Bits verwendet. Register dienen häufig als Pufferspeicher zwischen Geräten (oder Modulen) mit unterschiedlicher Art und Geschwindigkeit der Informationsverarbeitung. Als Beispiel sei hier nur die Umwandlung serieller Daten in parallele Daten und umgekehrt genannt. Solche Umwandlungen sind in der Digitaltechnik sehr häufig; beispielsweise erfolgt die Eingabe von Zahlen in einen Taschenrechner seriell (Ziffer um Ziffer), die Verarbeitung hingegen erfolgt parallel. Ein anderes Beispiel ist die serielle Schnittstelle beim PC.

Je nach der Art der Informations-Ein- und -Ausgabe unterteilt man die Register in Parallel- und Serienregister. Von Parallelregistern oder kurz von **Registern** spricht man nur dann, wenn sowohl die Ein- als auch die Ausgabe parallel erfolgen. Alle anderen Register heissen Serien- oder **Schieberegister.**

5.1 Schieberegister

5.1.1 Grundschaltung

Betrachten wir zunächst die folgenden Schaltungen:

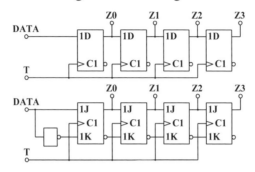

Abb. 82: Grundschaltungen von Schieberegistern

Da diese Schaltungen aus nicht transparenten Flip-Flops aufgebaut sind, wird beim Auftreten einer aktiven Taktflanke die Information, die am DATA-Eingang anliegt, in das Flip-Flop Z0 übernommen. Gleichzeitig wird die vorher in Z0 gespeicherte Information in das Flip-Flop Z1 übernommen usw. Die vor der Taktflanke in Z3 gespeicherte Information geht verloren. Das bedeutet, dass in dieser Schaltung mit jedem Taktimpuls die gespeicherten Informationen um eine Stelle nach rechts geschoben werden. Die erste Stelle Z0 übernimmt dabei eine neue Information vom DATA-Eingang, während die im letzten Flip-Flop (hier Z3) gespeicherte Information verloren geht. Man spricht deshalb von einem Schieberegister. Die seriell eingegebenen Daten liegen nachher an den Ausgängen Z0 ... Z3 in paralleler Form vor. Bezüglich der Länge eines solchen Schieberegisters gibt es praktisch keine Einschränkungen; wir wollen uns aber in den folgenden Untersuchungen auf 4-Bit-Schieberegister beschränken. Die Resultate unserer Überlegungen können aber ohne Weiteres auf Schieberegister beliebiger Länge übertragen werden. Gemäss der IEC-Norm kann ein Schieberegister der eben beschriebenen Art durch das folgende Symbol (Abb. 83) dargestellt werden:

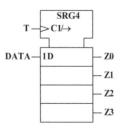

Abb. 83: IEC-Symbol für ein Schieberegister

Die Bezeichnung "SRG4" im Kopfteil bedeutet, dass es sich bei diesem Modul um ein 4-Bit-Schieberegister (engl. *shift register*) handelt. Die Schieberichtung wird durch den Pfeil beim Takteingang angezeigt. Es handelt sich hier um ein nach rechts schiebendes Schieberegister; im Symbol bedeutet das, dass die Informationen von oben nach unten geschoben werden.

Aus dem oben Gesagten wird klar, dass man die Informationen in einem Schieberegister auch nach links verschieben könnte. Ebenso könnte man die Flip-Flops parallel mit Daten laden. Um alle diese Funktionen zu realisieren, muss man allerdings eine umfangreiche Logik um die eigentlichen Speicher-Flip-Flops herum bauen. Diese Arbeit wurde von den IC-Herstellern übernommen; es sind einige universelle Schieberegister dieser Art im Handel erhältlich.

5.1.2 Universelle Schieberegister

Betrachten wir als Beispiel für ein universell verwendbares Schieberegister den Baustein SN74194, dessen IEC-Symbol in Abbildung 84 dargestellt ist.

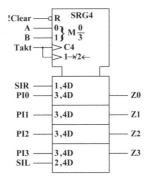

Abb. 84: *Universal-Schieberegister 74194*

Das Signal R bewirkt einen asynchronen Reset, d.h. alle Ausgänge werden auf 0 gesetzt. Das zugehörige Eingangssignal ist mit *!Clear* beschriftet, weil es im Zustand 0 aktiv ist. Die Eingänge A und B definieren einen Modus; dieser Modus kann die Werte 0 ... 3 annehmen. Der Eingang A hat dabei das Gewicht $2^0 = 1$, der Eingang B ein solches von $2^1 = 2$; diese Potenzen sind bei den Eingängen angegeben, um die Wertigkeit zu definieren. Der Takteingang ist intern aufgesplittet. Der obere Eingang (C4) bedeutet, dass alle Operationen, die mit 4 gekennzeichnet sind, nur bei einer steigenden Taktflanke aktiv sind. Beim unteren Takteingang (1→ / 2←) wird festgelegt, dass das Schieberegister im Modus 1 (A = 1, B = 0) nach rechts schieben soll, im Modus 2 (A = 0, B = 1) hingegen nach links.

Die erste und die letzte Speicherzelle haben je zwei Eingänge; die mit *3,4D* beschrifteten Eingänge sind nur im Modus 3 (A = 1, B = 1) aktiv. Beim Modus 3 handelt es sich offenbar um den Modus, in dem das Register mit den an den Eingängen PI0 ... PI3 anliegenden Informationen geladen werden kann. Man beachte, dass dieser Ladevorgang synchron, d.h. taktflankengesteuert, vor sich geht. Die Eingänge sind deshalb auch als PIx, also als Parallel-Input bezeichnet. Der Eingang SIR (Serial Input Right) trägt die Kennzeichnung *1,4D*, ist also nur im Modus 1 (Schieben nach rechts) aktiv. Analoges gilt für den Eingang SIL (Serial Input Left), der mit seiner Kennzeichnung *2,4D* nur im Modus 2 (Schieben nach links) wirksam ist. Es bleibt noch der bisher unerwähnte Modus 0 (A = 0, B = 0); dieser Modus bewirkt gar nichts, d.h. das Schieberegister bleibt im Speicherzustand. Trotz Taktflanken und anliegenden Eingangssignalen wird weder geladen noch geschoben.

Solche Schieberegister können zur Realisierung längerer Schieberegister auch kaskadiert werden, wie im Schema für ein 12-Bit-Schieberegister gezeigt wird (Abb. 85). Die Reset-Eingänge, die Takteingänge sowie die Modus-Eingänge aller Bausteine werden miteinander verbunden. Der Ausgang des in Schieberichtung (im Modus "Schieben nach rechts") letzten Flip-Flops eines Schieberegister-Bausteins wird mit dem SIR-Eingang des nächstfolgenden Bausteins verbunden. Analog verbindet man den Ausgang des beim "Schieben nach links" letzten Flip-Flops jedes Bausteins mit dem SIL-Eingang des vorhergehenden Bausteins. Auf diese Art können unter Verwendung von 4-Bit-Universal-Schieberegistern beliebig lange universelle Schieberegister realisiert werden.

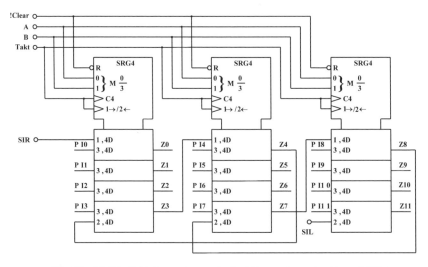

Abb. 85: 12-Bit-Schieberegister mit drei Bausteinen des Typs 74194

5.2 Rückgekoppelte Schieberegister

5.2.1 Grundlagen

Unter einem rückgekoppelten Schieberegister versteht man ein Schieberegister, bei dem eine logische Funktion der Ausgangssignale auf den seriellen Eingang zurückgeführt wird. Diese Grundstruktur wollen wir im Folgenden anhand eines 4-Bit-Schieberegisters genauer untersuchen.

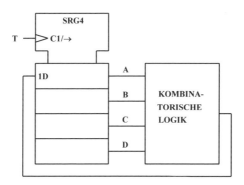

Abb. 86: Grundschaltung eines rückgekoppelten Schieberegisters

Genau wie ein 4-Bit-Zähler kann ein 4-Bit-Schieberegister 16 verschiedene Zustände annehmen. Wegen der Besonderheit des Schiebeprozesses kann man aber von einem bestimmten Zustand nur gerade in zwei neue Zustände gelangen; es sind also nicht beliebige Zustandsfolgen möglich. Aus dem Zustand ABCD kann man nur in einen der beiden Zustände **0**ABC oder **1**ABC gelangen (A = LSB, D = MSB), je nachdem, ob eine **0** oder eine **1** neu eingelesen wird. Die übrigen Daten werden ja nur um eine Stelle geschoben, bleiben aber im Übrigen unverändert. Im folgenden allgemeinen Zustandsdiagramm sind alle *möglichen* Übergänge eingetragen. Die ausgezogenen Pfeile entsprechen dabei den Übergängen, bei denen eine **1** eingeschoben wird, die gestrichelten Pfeile stehen für Übergänge mit einer eingeschobenen **0**.

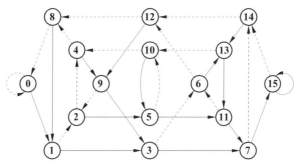

Abb. 87: Allgemeines Zustandsdiagramm eines rückgekoppelten Schieberegisters

Dieses Zustandsdiagramm beschreibt kein konkretes System, sondern zeigt nur, welche Übergänge bei einem 4-Bit-Schieberegister überhaupt möglich sind. Ein direkter Übergang vom Zustand **1** in den Zustand **5** wäre beispielsweise völlig unmöglich. Wenn man nun eine konkrete Rückführungslogik auswählt, dann ist das resultierende Zustandsdiagramm ein Teilgraph dieses allgemeinen Zustandsgraphen.

5.2.2 Ringzähler

Bei einem Ringzähler wird der serielle Eingang eines Schieberegisters mit dem in Schieberichtung letzten Ausgang verbunden, die Flip-Flop-Kette also zu einem Ring geschlossen. Die im Register gespeicherte Information sollte also dauernd umlaufen.

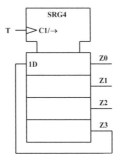

Abb. 88: Schema eines Ringzählers

Bei der Betrachtung des unten stehenden Zustandsdiagrammes des Ringzählers erkennt man, dass drei Zyklen der Länge 4, ein Zyklus der Länge 2 sowie zwei Fixpunkte auftreten. Damit das System sich in einem bestimmten Zyklus bewegt, muss ein Zustand des gewünschten Zyklus beim Start geladen werden.

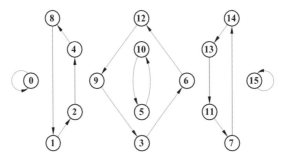

Abb. 89: Zustandsdiagramm eines Ringzählers

Von grösserer praktischer Bedeutung sind die beiden Zyklen 1 - 2 - 4 - 8 - 1 - ... (eine umlaufende 1) und 7 - 14 - 13 - 11 - 7 - ... (eine umlaufende 0). Auf diese einfache Art und Weise können mehrphasige Taktsignale generiert werden.

Das Laden eines Ringzählers mit Startwerten ist keine dauerhafte Lösung; bei der kleinsten Störung kann der Zähler in einen anderen Zyklus wechseln. Man muss also die Rückführungsfunktion so ergänzen, dass ein selbstkorrigierender Ringzähler entsteht, bei dem alle Zustände nach einigen Taktimpulsen wieder in den Hauptzyklus einmünden. Betrachten wir die folgende Schaltung:

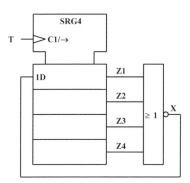

Abb. 90: Korrigierter Ringzähler

Das NOR-Glied hat die Eigenschaft, dass der Ausgang nur dann auf 1 liegt, wenn alle Eingänge auf 0 liegen. Am seriellen Eingang liegt also nur im Zustand 0 eine 1, in allen anderen Zuständen haben wir eine 0 anliegen. Das Zustandsdiagramm finden wir sehr einfach, indem wir im allgemeinen Zustandsdiagramm nur noch die gestrichelten Pfeile beachten ausser im Zustand 0, wo der Übergang gemäss dem ausgezogenen Pfeil erfolgt. Durch diese Überlegungen finden wir sofort das folgende Zustandsdiagramm der Schaltung:

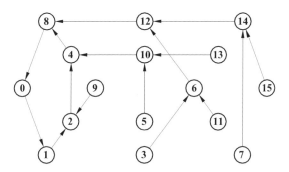

Abb. 91: Zustandsdiagramm des korrigierten Ringzählers

Wir erkennen, dass alle Zustände nach maximal 3 Taktimpulsen wieder in den Hauptzyklus münden. Dieser Hauptzyklus ist nun aber länger geworden, er umfasst jetzt 5 (allgemein N+1) Zustände. Da der Zustand 0 ebenfalls zum Zyklus gehört, haben wir nicht mehr das reine Bild einer umlaufenden 1. Andererseits ist der Ausgang des NOR-Gliedes genau im Zustand 0 auf 1. Wenn wir also diesen Ausgang (bzw. den seriellen Eingang des Schieberegisters) als zusätzliches Ausgangssignal betrachten, so erhalten wir eine umlaufende 1 mit 5 Signalen. Im Zeitdiagramm ergibt sich das folgende Bild (das Ausgangssignal des NOR-Gliedes ist dabei mit X bezeichnet):

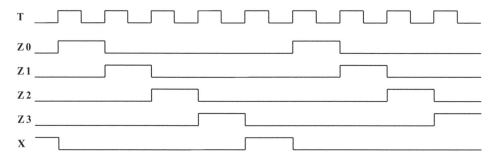

Abb. 92: *Signalverläufe beim korrigierten Ringzähler*

Wenn wir also beispielsweise einen Vierphasentakt realisieren wollen, müssen wir ein Schieberegister mit drei Flip-Flops verwenden, das wir über ein NOR-Glied rückkoppeln. Ein solches Schieberegister können wir natürlich auch mit einem 4-Bit-Schieberegister realisieren, nur dass wir den letzten Ausgang einfach unberücksichtigt lassen. Unter Mitverwendung des Ausgangs des NOR-Gliedes erhalten wir den gewünschten Vierphasentakt. Dieses Verfahren kann auf Ringzähler beliebiger Länge angewendet werden.

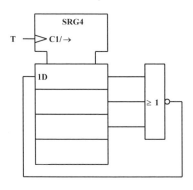

Abb. 93: *Realisierung eines Vierphasentaktes*

Ersetzen wir das NOR-Glied durch ein NAND-Glied, so erhalten wir einen selbstkorrigierenden Ringzähler, der dann den Zyklus 7 - 15 - 14 - 13 - 11 -7 - ... durchläuft. Wir erhalten eine umlaufende 0, wenn wir auch hier den Ausgang des NAND-Gliedes mit einbeziehen. Da der Ausgang eines NAND-Gliedes immer 1 ist, ausser wenn alle Eingänge auf 1 sind, folgt das Zustandsdiagramm immer den ausgezogenen Linien ausser im Zustand 15 (allgemeines Zustandsdiagramm aus Abb. 87, Kap. 5.2.1).

5.2.3 Johnson-Zähler

Beim Johnson-Zähler wird der invertierte Ausgang des in Schieberichtung letzten Flip-Flops eines Schieberegisters auf den seriellen Eingang zurückgeführt. Wegen einer gewissen Verwandtschaft mit dem Möbius-Band spricht man auch von einem *Möbius-Zähler*. Weiter ist auch etwa der Begriff *Pseudo-Ringzähler* für diese Schaltung üblich.

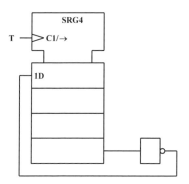

Abb. 94: Johnson-Zähler

Aus dem nachfolgenden Zustandsdiagramm erkennen wir, dass der Johnson-Zähler zwei Zyklen der Länge 2N aufweist.

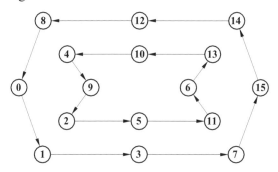

Abb. 95: Zustandsdiagramm eines Johnson-Zählers

Johnson-Zähler kommen ohne externe Logik aus, sind also sehr schnell. Der Mehraufwand an Flip-Flops gegenüber einem klassischen synchronen Zähler fällt bei einer Zähldekade nicht gross ins Gewicht (5 statt nur 4 Flip-Flops); dafür erreicht man eine wesentlich höhere Arbeitsgeschwindigkeit. Häufig ist zum Beispiel in Frequenzmessern mit einem Frequenzbereich von 1 GHz ein Dekadenteiler in ECL-Technik (Emitter Coupled Logic; eine sehr schnelle Logikfamilie) in Form eines 5-stufigen Johnson-Zählers der eigentlichen Zählschaltung vorgeschaltet. Diese kann dann in konventioneller Technik (z.B. in AS-TTL) realisiert werden, die Zählfrequenzen von bis zu 100 MHz erlaubt.

Zu berücksichtigen ist noch, dass Johnson-Zähler natürlich nicht im Binär- oder gar BCD-Code zählen, dass also unter Umständen noch Code-Wandler benötigt werden, um die Zähl-Resultate weiter zu verarbeiten. Bei einem reinen dekadischen Vorteiler, wie er im vorhergehenden Abschnitt skizziert wurde, ist das aber ohne Bedeutung.

Wie erwähnt, weist der Johnson-Zähler zwei verschiedene Zyklen auf, die aber beide die gleiche Länge haben. Wenn wir auf einen bestimmten Zyklus angewiesen sind, so müssen wir wieder versuchen, einen selbstkorrigierenden Johnson-Zähler zu entwickeln. Da wir, um wenig Geschwindigkeit zu verlieren, mit möglichst wenig externer Logik auskommen müssen, wird diese Aufgabe nicht gerade einfach. Eine mögliche Lösung ist in Abbildung 96 gezeigt. Sie arbeitet mit einem Schieberegister des Typs 74195, das gegenüber dem bisher bekannten Typ 74194 einige Abweichungen aufweist. So ist der serielle Eingang in Form eines J-!K-Einganges realisiert, und der Ausgang der letzten Stufe steht auch in negierter Form zur Verfügung. Das Schieberegister kennt nur noch zwei Modi, nämlich Schieben nach rechts und paralleles Laden. Es kann nicht mehr nach links schieben und es fehlt auch der Leerlauf-Modus (nichts tun).

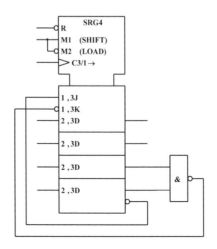

Abb. 96: Korrigierter Johnson-Zähler mit 74195

Wenn das Schieberegister aus JK-Flip-Flops aufgebaut wird und dabei mindestens für das erste Flip-Flop ein Typ mit mehreren, unter sich AND-verknüpften J- und K-Eingängen verwendet wird (z.B. 7472), so kann ein selbstkorrigierender Johnson-Zähler auch ohne externe Logik realisiert werden. Bei einem Johnson-Zähler mit N Flip-Flops müssen dafür die Ausgänge der M letzten Stufen AND-verknüpft und auf den K-Eingang der ersten Stufe gelegt werden. M lässt sich aus der folgenden Beziehung berechnen: M = (1 + N/3); es fällt dabei nur der ganzzahlige Teil des Klammerausdruckes in Betracht. In jedem Fall muss der negierte Ausgang der letzten Stufe mit dem J-Eingang der ersten Stufe verbunden werden.

Johnson-Zähler, die aus D-Flip-Flops bzw. entsprechenden Schieberegistern (z.B. 74194) aufgebaut sind, lassen sich nur mit einer relativ umfangreichen externen Logik korrigieren. Diese Logik führt aber eine zusätzliche Laufzeit ein und vermindert so die maximale Zählfrequenz ganz beträchtlich.

5.2.4 Lineare Schieberegister

Wenn man die Rückführungslogik in geeigneter Weise mittels EX-OR-Verknüpfungen realisiert, so ergeben sich Systeme mit sehr interessanten Eigenschaften. Das Schieberegister in der folgenden Schaltung durchläuft beispielsweise nacheinander alle Zustände ausser dem Zustand 0, der einen Fixpunkt bildet.

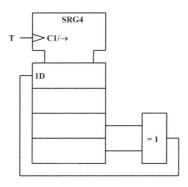

Abb. 97: Lineares Schieberegister mit 4 Bits

Man vergleiche dazu das unten stehende Zustandsdiagramm. Man erkennt einen geschlossenen Zyklus, der die Zustände 1 ... 15 umfasst und den bereits erwähnten Fixpunkt im Zustand 0.

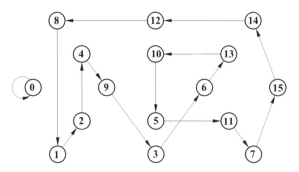

Abb. 98: Zustandsdiagramm des linearen Schieberegisters mit 4 Bits

Man spricht übrigens von linearen Schieberegistern, weil die zur Rückführung verwendete EX-OR-Funktion (Modulo-2-Addition) im Sinne der Algebra eine lineare Funktion ist. Solchermassen rückgekoppelte Schieberegister durchlaufen Zyklen der Länge 2^N-1, bei einem Schieberegister mit 20 Flip-Flops sind das immerhin 1'048'575 Taktimpulse. So lange dauert es, bis an einem beliebigen Ausgang des Schieberegisters sich das Muster des Ausgangssignals wiederholt. Man spricht deshalb auch von **Pseudozufalls-Registern** (pseudo random sequencer). Man verwendet solche Register unter anderem zum Test von Datenübertragungseinrichtungen. Ein System, das weniger Speicherplätze enthält, als es der Länge einer Signalperiode (in unserem Falle 2^N-1) entspricht, kann ein pseudozufälliges Signal nicht mehr von einem echt zufälligen unterscheiden. Bei diesen Signalen treten auch alle möglichen Kombinationen auf, wie z.B. N mal hintereinander eine 1.

Der bei allen derartigen linearen Schieberegistern auftretende Fixpunkt beim Zustand 0 lässt sich nur durch die nachstehende Schaltung vermeiden.

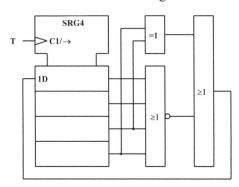

Abb. 99: Korrigiertes lineares Schieberegister

Mittels der NOR-Verknüpfung erzeugen wir im Zustand 0 eine 1, die mit dem Resultat der EX-OR-Verknüpfung wiederum OR-verknüpft ist. Damit gelangt man vom Zustand 0 in jedem Fall in den Zustand 1 und bleibt danach wieder in diesem Hauptzyklus. Das NOR-Glied beeinflusst das Geschehen also nur im Zustand 0, ändert somit den übrigen Zyklus in keiner Weise. Problematisch ist der mit steigender Länge des Schieberegisters immer grösser werdende Aufwand zur Realisierung einer NOR-Verknüpfung von N Ausgängen.

In der folgenden Tabelle findet man Angaben darüber, welche Schieberegister-Ausgänge EX-OR-verknüpft werden müssen, damit ein Zähler der Länge 2^N-1 resultiert. Die Ausgänge sind dabei mit Z0, Z1, Z2 etc. bezeichnet, die Schieberichtung geht in Richtung aufsteigender Indizes.

N	Rückführung	N	Rückführung
3	Z1 $ Z2	12	Z5 $ Z7 $ Z10 $ Z11
4	Z2 $ Z3	13	Z3 $ Z5 $ Z9 $ Z12
5	Z2 $ Z4	14	Z3 $ Z7 $ Z12 $ Z13
6	Z4 $ Z5	15	Z13 $ Z14
7	Z5 $ Z6	16	Z10 $ Z12 $ Z13 $ Z15
8	Z3 $ Z4 $ Z5 $ Z7	17	Z13 $ Z16
9	Z4 $ Z8	18	Z10 $ Z17
10	Z7 $ Z9	19	Z13 $ Z16 $ Z17 $ Z18
11	Z8 $ Z10	20	Z16 $ Z19

Es fällt auf, dass der letzte Ausgang immer beteiligt ist und dass in den meisten Fällen nur eine einzige EX-OR-Verknüpfung gebildet werden muss.

5.3 Übungsaufgaben

5.1 Man entwerfe die Logik für ein 3-Bit-Schieberegister, dessen Schieberichtung umschaltbar sein soll. Die Realisierung soll mit D-Flip-Flops und beliebigen logischen Gliedern erfolgen.

5.2 Gesucht ist der zeitliche Verlauf des Ausgangssignales des EX-OR-Gliedes beim linearen 4-Bit-Schieberegister von Seite 102. Zu Beginn sei das Schieberegister im Zustand 1.

5.3 Man zeichne das vollständige Zustandsdiagramm für den korrigierten Johnson-Zähler, wie er auf Seite 101 dargestellt ist.

5.4 Man entwerfe die Rückführlogik eines rückgekoppelten Schieberegisters, das den Zyklus 0 - 1 - 2 - 5 - 11 - 7 - 15 - 14 - 13 - 10 - 4 - 8 - 0 - 1 - ... durchlaufen soll. Verlangt ist neben der Logik auch das vollständige Zustandsdiagramm.

5.5 Gesucht ist das vollständige Zustandsdiagramm eines rückgekoppelten 4-Bit-Schieberegisters, bei dem an den seriellen Eingang das Signal $X = !(Z2 \# Z3)$ angelegt wird.

6

Automaten

Ein Automat ist ein allgemeines sequentielles System, dessen Reaktionen ausser vom aktuellen Zustand auch noch von Eingangsgrössen abhängig sind. Bei einem klassischen Zähler ist das nicht der Fall; dort ist der nächste Zustand nur vom aktuellen Zustand abhängig. Man bezeichnet deshalb Zähler auch als *autonome Automaten*. In dieser allgemeinen Form sind Automaten nur schwer zu entwerfen. Es haben sich in der Praxis zwei Automatentypen eingebürgert, die beide die kombinatorische

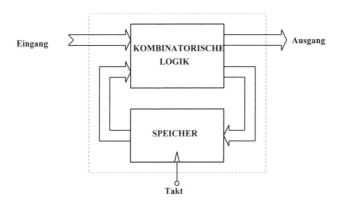

Abb. 100: *Blockschaltbild eines allgemeinen Automaten*

Logik in zwei Blöcke aufteilen und somit einem systematischen Entwurf besser zugänglich sind, ohne dabei zu viel an Allgemeinheit zu verlieren. Man unterscheidet Automaten nach **Moore** und Automaten nach **Mealy**[10]. Im Folgenden wollen wir uns zunächst mit dem etwas einfacheren Automaten nach Moore beschäftigen.

6.1   Der Moore-Automat

Der Automat nach Moore kann durch das folgende Blockschaltbild beschrieben werden:

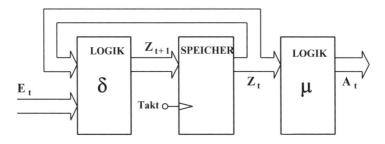

Abb. 101: *Automat nach Moore*

Der *Eingangsvektor* **E** = { E1, E2, ... , Em } bezeichnet dabei die Gesamtheit der Eingangsgrössen, die aus den Signalen E1, E2, ... , Em bestehen. Der Eingangsvektor **E** besteht also aus m Bits. Der Begriff *Vektor* steht hier nicht für einen Vektor im geometrischen Sinn, sondern eher im Sinne der Informatik, wo eine solche Grösse auch als Array bezeichnet wird. Der in analoger Weise definierte *Zustandsvektor* **Z** = { Z1, Z2, ... , Zn } bezeichnet den ***inneren Zustand*** des Systems (n Bits bzw. n Flip-Flops). Man spricht hier von einem *inneren* Zustand, weil die zugehörigen Signale nach aussen gar nicht direkt in Erscheinung treten, sondern im Inneren des Automaten verborgen bleiben. Schliesslich beschreibt der *Ausgangsvektor* **A** = { A1, A2, ... , Ap } die Gesamtheit der Ausgangsgrössen (p Bits).

Der Index *t* bedeutet, dass es sich bei den betreffenden Vektoren um die Werte im aktuellen Zeitpunkt handelt; mit *t+1* bezeichnen wir die Werte, wie sie einen Taktimpuls später vorliegen. Der im Blockschaltbild eingezeichnete Vektor Z_{t+1} enthält also den nächsten Zustand, wie er nach der nächsten aktiven Taktflanke an den Ausgängen des Speichers vorliegen wird. Je nachdem, welche Flip-Flop-Typen für

---

[10] G.H. Mealy: A Method for Synthesizing Sequential Circuits. Bell System Technical Journal 34, 1955, pp 1045-1079.

den Speicher eingesetzt werden, sind es entweder direkt die neuen Zustandsinformationen (im Falle von D-Flip-Flops) oder es sind bei Verwendung von JK-Flip-Flops die neuen Zustände in etwas verschlüsselter Form. Für die Logik des Automaten sind das allerdings nebensächliche Erscheinungen: Am Ausgang der kombinatorischen Logik δ liegt der nächste Zustand vor. Diese Logik δ wird auch **Zustandsübergangsfunktion** oder **Steuerlogik** genannt. Sie legt die Abfolge der inneren Zustände fest. Es gilt also:

$$Z_{t+1} = \delta(Z_t, E_t)$$

Der neue Zustand Z_{t+1} ist also einerseits abhängig vom aktuellen Zustand Z_t und andererseits von den aktuellen Eingangsgrössen E_t.

Die zweite kombinatorische Logik wird beim Moore-Automaten **Markierungsfunktion** μ oder einfach **Ausgangslogik** genannt. Sie definiert die Ausgangsgrössen wie folgt:

$$A_t = \mu(Z_t)$$

Die aktuellen Ausgangsgrössen sind also nur vom aktuellen Zustand abhängig; der Moore-Automat wird deshalb auch als **Zustandsautomat** bezeichnet. Man kann deshalb eigentlich ohne Beschränkung der Allgemeinheit auch den inneren Zustand **Z** als Ausgang betrachten. Eine eventuell notwendige Umcodierung kann später jederzeit noch erfolgen, da die Logik μ im Blockschaltbild ausserhalb der Rückführungsschleife liegt. Damit reduziert sich der Entwurf eines Moore-Automaten auf den Entwurf der Zustandsübergangslogik δ. Die Synthese eines Moore-Automaten erfolgt zweckmässigerweise mit Hilfe einer **Zustandsfolge-Tabelle**. In dieser Wahrheitstabelle werden in einer Zeile die Eingangsgrössen E_t, der aktuelle Zustand Z_t und der Folgezustand Z_{t+1} nebeneinander aufgetragen. Daneben werden die zur Erzielung des Folgezustandes nötigen Flip-Flop-Anregungsfunktionen D_i bzw. J_i und K_i aufgetragen. Diese Tabelle kann dann wie folgt aussehen:

Eingänge		aktueller Zustand		Folgezustand		Anregungsfunktionen			
$E1_t$	$E2_t$	$Z1_t$	$Z2_t$	$Z1_{t+1}$	$Z2_{t+1}$	J1	K1	J2	K2
0	0	0	0	1	1	1	X	1	X
0	1	1	0	1	0	X	0	0	X
1	0	1	1	0	1	X	1	X	0
..	..	..	..	..	..	..	..	..	..

Die nicht schattierten Teile bilden jetzt die eigentliche Wahrheitstabelle für die Anregungsfunktionen J_i und K_i. Die entsprechenden vereinfachten logischen Funktionen können wieder wie gewohnt mit Hilfe von Karnaugh-Diagrammen gefunden werden.

Der schattierte Tabellenteil enthält nur die Folgezustände und dient zur bequemeren Bestimmung der Anregungsfunktionen.

Wir wollen das Verfahren anhand eines konkreten Beispiels vollständig durcharbeiten.

Ein 3-Bit-Zähler, der im natürlichen Binärcode zählt, soll immer um 1 vorwärts zählen, wenn die Eingangsgrösse E = 0 ist; für E = 1 soll er jeweils um 2 vorwärts zählen. Man verwende JK-Flip-Flops, Z3 = MSB, Z1 = LSB.

Unter Berücksichtigung der obigen Vorschriften erhalten wir die folgende Wahrheitstabelle:

E	Z3	Z2	Z1	Z3+	Z2+	Z1+	J3	K3	J2	K2	J1	K1
0	0	0	0	0	0	1	0	X	0	X	1	X
0	0	0	1	0	1	0	0	X	1	X	X	1
0	0	1	0	0	1	1	0	X	X	0	1	X
0	0	1	1	1	0	0	1	X	X	1	X	1
0	1	0	0	1	0	1	X	0	0	X	1	X
0	1	0	1	1	1	0	X	0	1	X	X	1
0	1	1	0	1	1	1	X	0	X	0	1	X
0	1	1	1	0	0	0	X	1	X	1	X	1
1	0	0	0	0	1	0	0	X	1	X	0	X
1	0	0	1	0	1	1	0	X	1	X	X	0
1	0	1	0	1	0	0	1	X	X	1	0	X
1	0	1	1	1	0	1	1	X	X	1	X	0
1	1	0	0	1	1	0	X	0	1	X	0	X
1	1	0	1	1	1	1	X	0	1	X	X	0
1	1	1	0	0	0	0	X	1	X	1	0	X
1	1	1	1	0	0	1	X	1	X	1	X	0

Für die vereinfachten Funktionen erhalten wir mit Hilfe von hier nicht gezeigten Karnaugh-Diagrammen:

$$J1 = K1 = !E$$

$$J2 = K2 = E \# Z1$$

$$J3 = K3 = (E \& Z2) \# (Z1 \& Z2)$$

Damit sind alle Funktionen der Zustandsübergangslogik δ bekannt, und die Schaltung könnte realisiert werden.

Ebenso wie bei Zählern kann das Verhalten eines Automaten sehr anschaulich durch ein Zustandsdiagramm beschrieben werden. Einige Erweiterungen sind dabei notwendig. So werden bei einem Moore-Automaten im Zustandskreis oben die Bezeichnung des Zustandes (entweder eine willkürliche Bezeichnung oder wie bei den Zählern der dezimale Wert des als Binärzahl interpretierten Zustandes) und unten noch die Ausgänge A_i des Automaten (als Bitmuster) eingetragen. Bei den Übergangspfeilen stehen jeweils die Werte der Eingangsgrössen E_i, die den entsprechenden Übergang zur Folge haben. Gemäss diesen Regeln erhalten wir für unser Beispiel das folgende Zustandsdiagramm:

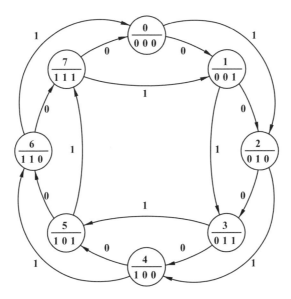

Abb. 102: Zustandsdiagramm des Moore-Automaten (Beispiel)

In unserem Beispiel entsprechen die inneren Zustände gerade den Ausgängen (wir arbeiten ja ohne Markierungsfunktion), deshalb steht in den Zustandskreisen eigentlich zweimal dieselbe Information. Da wir nur eine einzige Eingangsgrösse haben, steht bei den Pfeilen auch nur ein Wert, nämlich E.

Machen wir noch ein zweites Beispiel für einen Moore-Automaten:

Ein 2-Bit-Zähler mit D-Flip-Flops soll für E1 = 0 vorwärts zählen, für E1 = 1 soll er rückwärts zählen. Falls E2 = 1 ist, soll er den aktuellen Zustand beibehalten. Es gelte noch Z1 = MSB, Z2 = LSB.

Da es sich hier um D-Flip-Flops handelt, sind die Werte für die D-Eingänge identisch mit dem Folgezustand; wir können also einige Spalten der Wahrheitstabelle einsparen.

110 Automaten

$E1_t$	$E2_t$	$Z1_t$	$Z2_t$	$Z1_{t+1}=D1_t$	$Z2_{t+1}=D2_t$
0	0	0	0	0	1
0	0	0	1	1	0
0	0	1	0	1	1
0	0	1	1	0	0
0	1	0	0	0	0
0	1	0	1	0	1
0	1	1	0	1	0
0	1	1	1	1	1
1	0	0	0	1	1
1	0	0	1	0	0
1	0	1	0	0	1
1	0	1	1	1	0
1	1	0	0	0	0
1	1	0	1	0	1
1	1	1	0	1	0
1	1	1	1	1	1

Für die vereinfachten disjunktiven Formen erhalten wir:

D1 = (E2 & Z1) #(!E1 & Z1 & !Z2) # (E1 & Z1 & Z2)
 # (E1 & !E2 & !Z1 & !Z2) # (!E1 & !E2 & !Z1 & Z2)

D2 = (E2 & Z2) # (!E2 & !Z2)

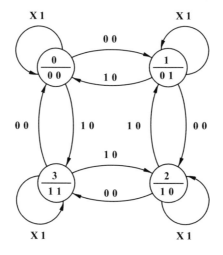

Abb. 103: Zustandsdiagramm für das zweite Beispiel

Bei den Pfeilen werden die Werte für die Eingangsgrössen in der Reihenfolge E1 E2 angegeben. Diese Reihenfolge ist an sich beliebig, sie sollte aber irgendwo festgehalten werden. Für E2 = 1 soll der Zähler gemäss Spezifikation im alten Zustand verharren (Fixpunkt). Der Wert von E1 spielt in diesem Fall keine Rolle; der Fixpunkt-Pfeil ist deshalb auch mit X1 beschriftet. Wir sehen schon bei diesen einfachen Beispielen, dass Zustandsdiagramme grösserer Automaten mit mehr Eingangsgrössen und mehr Zuständen sehr komplex werden können. Beim Entwurf solcher Systeme ist also äusserste Sorgfalt geboten.

Automaten bestehen im Prinzip aus einer Reihe von synchron getakteten Flip-Flops, sind also synchrone Systeme. Die Eingangsgrössen können sich aber zu jedem beliebigen Zeitpunkt ändern, da sie von Ereignissen abhängig sind, die sich unserer Kontrolle entziehen. Wenn nun eine Eingangsgrösse zufälligerweise genau zum Zeitpunkt einer aktiven Taktflanke wechselt, so können unvorhergesehene Übergänge auftreten. Wir müssen also durch Zwangsmassnahmen dafür sorgen, dass die internen Eingangsgrössen zum Zeitpunkt einer aktiven Taktflanke stabil sind. Wir benötigen dazu sogenannte *Synchronisierschaltungen*. Wir wollen im nächsten Abschnitt eine Auswahl solcher Schaltungen untersuchen.

6.2 Synchronisierschaltungen

Je nach Anwendungszweck unterscheidet man verschiedene Synchronisierschaltungen. Die hier behandelte Palette umfasst Schaltungen zur Synchronisation von Impulsen, synchrone Monoflops (ein Monoflop ist eine Schaltung, die nach Triggerung einen Impuls definierter Länge erzeugt), synchrone Änderungsdetektoren und synchrone Taktschalter.

6.2.1 Synchronisation von Impulsen

Die einfachste Synchronisierschaltung arbeitet mit einem flankengetriggerten D-Flip-Flop gemäss der folgenden Schaltung:

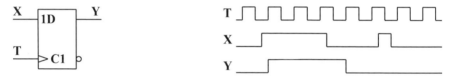

Abb. 104: Impuls-Synchronisierung

Man erkennt, dass ein kurzer Impuls auf der Eingangsleitung, der von keiner steigenden Taktflanke erfasst wird, von dieser Schaltung völlig vergessen wird. Falls das stören sollte (in manchen Fällen kann es sogar ein Vorteil sein), muss die Schaltung etwas modifiziert werden, etwa wie in der folgenden Schaltung.

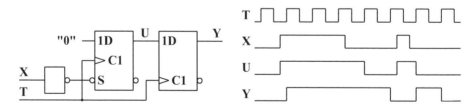

Abb. 105: Modifizierte Impuls-Synchronisierung

In dieser Schaltung wird eine 1 am X-Eingang über den asynchronen Setzeingang im Flip-Flop gespeichert (asynchrone Eingänge sind gegenüber den getakteten Eingängen dominant), bis bei nicht mehr aktivem Setzeingang das Flip-Flop mit der nächsten steigenden Flanke auf 0 geht. Dadurch kann kein auch noch so kurzer Impuls verloren gehen.

In Automaten dürften am ehesten die eben gezeigten Schaltungen Verwendung finden. Die Wechsel am Ausgang erfolgen immer mit der steigenden Flanke des Taktsignals. Wenn wir zur Steuerung der eben untersuchten Synchronisierschaltungen das invertierte Taktsignal des Automaten verwenden, so ist gewährleistet, dass bei allen steigenden Flanken des Automatentaktes die synchronisierten Eingangssignale stabil sind.

6.2.2 Synchrones Monoflop

Unter einem Monoflop (monostabiler Multivibrator) versteht man eine Schaltung, die auf einen Eingangsimpuls beliebiger Länge (es muss aber mindestens eine aktive Taktflanke erfasst werden) mit einem Ausgangsimpuls definierter Länge reagiert. Die folgende Schaltung erfüllt diese Spezifikation:

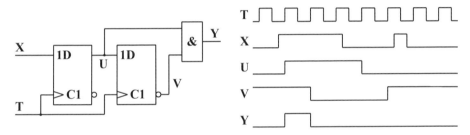

Abb. 106: Synchrones Monoflop

Die Dauer des synchronen Ausgangsimpulses beträgt exakt eine Periodendauer des Taktsignals.

6.2.3 Synchroner Änderungsdetektor

Diese Schaltung liefert bei jeder Änderung des Eingangssignales einen synchronen Ausgangsimpuls der Länge einer Taktperiode.

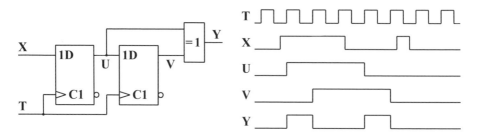

Abb. 107: Synchroner Änderungsdetektor

Eine derartige Schaltung könnte z.B. auch als Frequenzverdoppler eingesetzt werden. Dabei ist darauf zu achten, dass die Taktfrequenz genügend hoch liegt.

6.2.4 Synchroner Taktumschalter

Hier geht es darum, ein Taktsignal so umzuschalten, dass keines der Ausgangssignale „angeschnittene" Taktperioden aufweist. Diese Schaltung kann auch mit NAND-Gliedern realisiert werden, wie die folgende Schaltung zeigt.

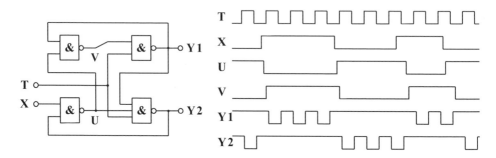

Abb. 108: Synchroner Takt-Umschalter

Die hier gezeichneten Zeitverläufe der Signale wurden unter Berücksichtigung der Verzögerungszeiten berechnet. Die Periodendauer des Taktsignales wurde dabei zu $10 t_{pd}$ angenommen. Diese Schaltung könnte beispielsweise zur synchronen Umschaltung der Zählrichtung bei einem Zählerbaustein des Typs 74193 verwendet werden. Das Signal X bestimmt dann die Zählrichtung, das Ausgangssignal Y1 wird mit dem Count-Up-Eingang verbunden, der Ausgang Y2 mit dem Count-Down-Eingang. Auch in dieser Schaltung muss die Taktfrequenz einiges höher liegen als die maximale Frequenz am Steuer-Eingang X.

6.2.5 Normierschaltung

Eine Normierschaltung liefert nur nach dem Einschalten der Betriebsspannung für kurze Zeit einen Ausgangsimpuls PON (Power ON). Dabei muss für den Inverter ein Typ mit Schmitt-Trigger-Eingängen verwendet werden (z.B. 7414). Nach dem Einschalten der Spannung ist die Spannung über dem Kondensator C praktisch 0, das Signal PON ist also auf 1. Mit der Zeit wird der Kondensator über den Widerstand R aufgeladen; bei Erreichen einer bestimmten Spannung springt dann PON auf 0 und bleibt in diesem Zustand, bis die Betriebsspannung aus irgendeinem Grund zusammenbricht.

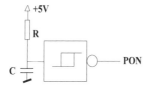

Abb. 109: *Normierschaltung (Power On Reset)*

Solche Schaltungen können verwendet werden, um eine logische Schaltung zu Beginn in einen definierten Zustand zu bringen, indem beispielsweise bei einem Zähler der Reset-Eingang mit PON verbunden wird.

In vielen Fällen werden analoge Schaltungen, die eine Referenzspannung besitzen, verwendet, um das System im Initialisierungsmodus zu behalten. Dies geschieht so lange, bis der minimale Spannungswert erreicht ist, der für eine saubere Funktion nötig ist. Manchmal kann eine zweite Funktion implementiert werden, um das System zu stoppen, sobald die Spannung unter einem bestimmten Wert ist (Power Off Reset).

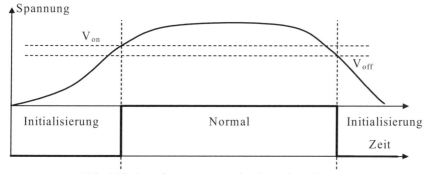

Abb. 110: *Initialisierungssignal aufgrund von Spannung*

6.3 Der Mealy-Automat

Der Automat nach Mealy wird durch das folgende Blockschaltbild beschrieben:

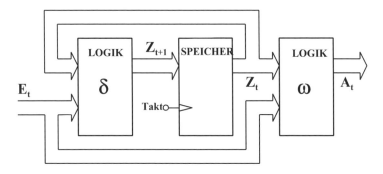

Abb. 111: Blockschaltbild des Automaten nach Mealy

Gegenüber dem Automaten nach Moore ist hier der Ausgangsvektor **A** nicht nur vom inneren Zustand **Z** des Systems, sondern auch noch vom Eingangsvektor **E** abhängig. Die Ausgangslogik ω heisst nun Ausgangsfunktion und wird wie folgt definiert:

$$A_t = \omega \, (\, E_t, Z_t \,)$$

Wir wollen den Entwurf eines Automaten nach Mealy anhand eines Beispiels behandeln.

Ein Getränke-Automat akzeptiert 1-Franken- und 2-Franken-Münzen. Der Preis einer Getränkedose beträgt 2 Franken. Der Auswurf der Dose erfolgt bei genügender Bezahlung auf Tastendruck; eventuell zuviel bezahlte Münzen werden dabei ebenfalls zurückerstattet. Eine Geldrückgabetaste ermöglicht den Abbruch des Kauf-Vorganges und bewirkt die Rückgabe der schon eingeworfenen Münzen.

Der zur Lösung dieser Aufgabe geeignete Automat muss offenbar die Vorgeschichte kennen. Er muss wissen, wie viele Münzen eingeworfen wurden etc. Zu Beginn eines Entwurfs müssen wir uns genau überlegen, was für Eingänge möglich sind, welche und wie viele innere Zustände der Automat annehmen muss und welche Ausgangssignale er dabei erzeugen muss. Dabei ist es sinnvoll, für alle diese Signale zunächst aussagekräftige Namen zu verwenden und erst sehr spät auf eine binäre Codierung überzugehen.

Folgende Eingaben können auftreten:

- es wurde eine 1-Franken-Münze eingeworfen (**I1**)
- es wurde eine 2-Franken-Münze eingeworfen (**I2**)
- die Ausgabetaste wurde gedrückt (**IA**)
- die Geldrückgabetaste wurde gedrückt (**IG**)
- es erfolgte keine Eingabe (**IN**). Diese Information ist sehr wichtig, da sie bei einem synchronen System wahrscheinlich am häufigsten vorkommt; das System befindet sich dann sozusagen in einem Wartezustand.

Es können die folgenden Ausgaben vorkommen:

- es soll 1 Dose ausgegeben werden (**OD**)
- ein 1-Franken-Stück soll ausgegeben werden (**O1**)
- ein 2-Franken-Stück soll ausgegeben werden (**O2**)
- es soll nichts ausgegeben werden (**ON**)

Nun muss man sich genau überlegen, wie viele und welche inneren Zustände der Automat aufweisen muss. Der innere Zustand entspricht ja dem Inhalt des Speichers, muss also alles wiedergeben, was die Vorgeschichte betrifft. Zu merken braucht sich der Automat eigentlich nur die Menge des eingeworfenen Geldes. Daraus folgen die nachstehend aufgeführten Zustände:

- es wurde 1 Franken eingeworfen (**F1**)
- es wurden insgesamt 2 Franken eingeworfen (**F2**)
- es wurden insgesamt 3 Franken eingeworfen (**F3**)
- der Automat ist leer bzw. hat keine Schulden (**F0**)

Jetzt muss das genaue Verhalten des Automaten zunächst noch in sprachlicher Form festgehalten werden. Dabei müssen alle möglichen Fälle berücksichtigt werden.

- Wenn sich der Automat im Zustand **F0** befindet und die Eingabe **IN** erfolgt, so soll er **ON** ausgeben und wieder in den Zustand **F0** übergehen. Dasselbe soll geschehen, falls die Eingabe **IA** oder **IG** erfolgt. Für die Eingabe **I1** soll die Ausgabe **ON** sein und ein Übergang in den Zustand **F1** erfolgen. Bei der Eingabe **I2** soll ebenfalls die Ausgabe **ON** erfolgen, verbunden mit einem Übergang in den Zustand **F2**.

- Befindet sich der Automat im Zustand **F1** und erfolgt die Eingabe **IN** oder **IA**, soll die Ausgabe **ON** sein und der Zustand beibehalten werden. Für die Eingabe **IG** soll die Ausgabe **O1** sein und der Zustand soll in **F0** übergehen. Bei der Eingabe **I1** soll mit der Ausgabe **ON** ein Wechsel zum Zustand **F2** erfolgen. Die Eingabe **I2** soll mit der Ausgabe **ON** beantwortet werden, der Zustand soll auf **F3** wechseln.

- Im Zustand **F2** soll der Automat auf die Eingabe **IN** wie in den anderen Fällen mit der Ausgabe **ON** und dem Beibehalten des Zustandes reagieren (Wartezustand). Bei der Eingabe **IA** soll die Ausgabe **OD** erfolgen und der Zustand in **F0** übergehen. Für die Eingaben **I1** bzw. **I2** soll die Ausgabe **O1** bzw. **O2** sein bei unverändertem Zustand. Auf die Eingabe **IG** soll der Automat mit **O2** reagieren und in den Zustand **F0** übergehen.

- Im Zustand **F3** soll der Automat auf die Eingabe **IN** wie in den anderen Fällen mit der Ausgabe **ON** und dem Beibehalten des Zustandes reagieren (Wartezustand). Bei der Eingabe **IA** sollen die Ausgaben **OD** und **O1** erfolgen und der Zustand in **F0** übergehen. Für die Eingaben **I1** bzw. **I2** soll die Ausgabe **O1** bzw. **O2** sein bei unverändertem Zustand. Auf die Eingabe **IG** soll der Automat mit **O1** und **O2** reagieren und in den Zustand **F0** übergehen.

Es ist klar, dass dieser Automat noch lange nicht alle notwendigen Operationen beherrscht, die man von einem brauchbaren Getränkeautomaten erwarten würde. Eine Kontrolle, ob überhaupt noch genügend Getränkedosen vorhanden sind, müsste ebenfalls noch eingefügt werden. Ebenso braucht es noch Sensoren für die Prüfung der Münzeinwürfe etc.

Das oben in sprachlicher Form etwas holprig beschriebene Verhalten des Automaten kann nun auch in Form eines Zustandsdiagramms dargestellt werden. Die Kreise enthalten beim Zustandsdiagramm eines Mealy-Automaten nur die Bezeichnung des Zustandes. Die Pfeile hingegen enthalten neben der Information über die Eingänge auch noch die Ausgänge des Automaten. Dies deshalb, weil die Ausgänge sowohl vom aktuellen Zustand (Anfangspunkt des Pfeils) als auch von den Eingangsgrössen abhängig sind. Die Angabe erfolgt in der Form EINGABE / AUSGABE (also zum Beispiel IA / OD oder in codierter Form 01 / 110). Da die Ausgänge, wie bereits erwähnt, von den Eingangsgrössen *und* vom aktuellen Zustand abhängig sind, ist der korrekten Synchronisierung der Eingangssignale besondere Beachtung zu schenken; es besteht sonst die Gefahr, dass kurzzeitig falsche Ausgangssignale auftreten können.

Es folgt das Zustandsdiagramm des Getränkeautomaten. Dabei fällt auf, dass einzelne Pfeile mehrfach beschriftet sind. Grund ist, dass für verschiedene Eingänge der gleiche Übergang erfolgt.

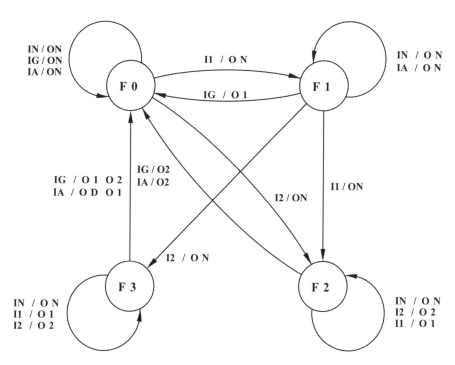

Abb. 112: Zustandsdiagramm des Getränke-Automaten

Wenn die Vorarbeiten bis hierher gediehen sind, kann man sich Gedanken zur eigentlichen Codierung machen. Da unser Automat vier verschiedene innere Zustände annehmen muss, benötigen wir offenbar zwei Speicherbausteine (2-Bit-Speicher Z2, Z1). Physikalisch gesehen haben wir vier Eingangssignale (das Signal der Ausgabetaste (IA), das Signal der Rückgabetaste (IG) und je eines von den Münzeinwürfen 1 Franken (I1) und 2 Franken (I2)). Dazu kommt noch das Pseudoeingangssignal "Keine Eingabe" (IN). Logisch gesehen haben wir es mit fünf verschiedenen Eingangskombinationen zu tun, die nach entsprechender Vorcodierung durch drei Bits (E1, E2 und E3) dargestellt werden können. Auf die gleiche Weise könnten wir die möglichen Ausgangszustände codieren, damit die Zahl der Variablen nicht unnötig gross und die Realisierung damit komplex wird. Anderseits bringt diese Codierung der Ausgangsgrössen nur einen scheinbaren Vorteil, denn wir müssen nachher die eigentlichen Ausgangssignale doch wieder vollständig decodieren. Auf die Komplexität der Zustandsübergangsfunktion δ haben die Ausgangsgrössen keinen Einfluss. Deshalb können wir ohne Weiteres auf eine Codierung der Ausgangsgrössen verzichten.

Diese Zuordnung der physikalischen Grössen zu den logischen Variablen kann weitgehend willkürlich festgelegt werden. Welche Auswirkungen eine bestimmte Zuordnung auf die Komplexität einer Schaltung hat, lässt sich erst durch Versuche mit anderen Zuordnungen abschätzen. In der Regel wird man allerdings nur neue Zuordnungen ausprobieren, wenn die zunächst gewählte zu einer Schaltung führt, die nur mit sehr grossem Aufwand realisiert werden kann. Es ist aber wichtig zu wissen, dass es beim Entwurf eines Automaten kaum je eine einzige eindeutige Lösung geben wird. Wir haben dafür zu viele Freiheitsgrade.

Die einmal gewählte Zuordnung kann in Form von Wahrheitstabellen festgehalten werden.

Eingangscodierung

	E3	E2	E1
IN	0	0	0
I1	0	0	1
I2	0	1	0
IA	0	1	1
IG	1	0	0

Zustandscodierung

	Z2	Z1
F0	0	0
F1	0	1
F2	1	0
F3	1	1

Bei der Realisierung der Vorcodierung der Eingangssignale ist darauf zu achten, dass niemals zwei oder mehr Eingangssignale gleichzeitig auftreten können (z.B. IA und IG). Man muss also die Signale gegenseitig verriegeln bzw. mit Prioritäten versehen, damit sichergestellt werden kann, dass nur die in der obigen Tabelle aufgeführten Kombinationen von E3, E2 und E1 auftreten können. Diese Signale müssen zudem noch mit dem Systemtakt synchronisiert werden, und die Dauer darf nur gerade eine Taktperiode betragen. Die dazu benötigte Logik hat mit dem Entwurf des Automaten direkt nichts zu tun und soll deshalb an dieser Stelle auch nicht weiter erläutert werden.

Nun können wir das Zustandsdiagramm mit den aktuellen Codierungen und der Ergänzung durch die Vorcodierung der Eingänge neu zeichnen. Die Beschriftung der Übergänge erfolgt dabei in der Reihenfolge "E3 E2 E1 / OD O1 O2", die Zustände selbst sind in der Reihenfolge "Z2 Z1" beschriftet. Im Zustandsdiagramm werden nur noch die Bitmuster eingetragen. Der Pseudo-Ausgang ON muss physikalisch nicht implementiert werden; er fehlt deshalb auch im Zustandsdiagramm.

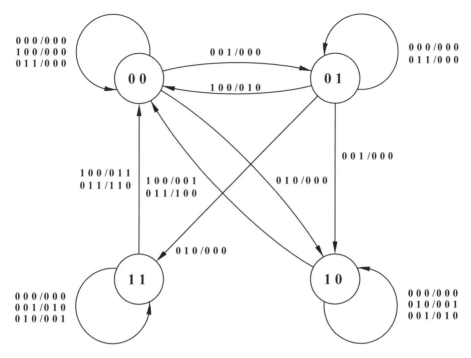

Abb. 113: Getränkeautomat mit Binär-Codierung

Jetzt sind wir in der Lage, eine vollständige Automatentabelle (= Wahrheitstabelle oder Zustandsfolgetabelle) aufzustellen. Zuerst entscheiden wir uns noch für die Verwendung von JK-Flip-Flops. Da die beiden logischen Funktionen δ und ω von den gleichen Grössen (E_t und Z_t) abhängig sind, reicht eine einzige Wahrheitstabelle aus. Zweckmässigerweise tragen wir links die codierten Eingangssignale und den aktuellen Zustand auf, wobei wir die Zeilen gemäss dem natürlichen Binärcode ordnen. Damit fällt es nachher leichter, die Karnaugh-Diagramme zur Vereinfachung der einzelnen logischen Funktionen auszufüllen. Der jeweilige Folgezustand ist schattiert, da er nur dazu dient, die Werte für J und K leichter zu bestimmen. Beim Ausfüllen der Automatentabelle können wir die Werte für den Folgezustand und die Ausgangsgrössen direkt aus dem obigen Zustandsdiagramm übernehmen.

Zum besseren Verständnis sollte man sich noch einige Gedanken zum genauen zeitlichen Ablauf machen. Da unsere Eingangssignale vereinbarungsgemäss mit dem Systemtakt synchronisiert sind, ihre Zustände also immer nur unmittelbar nach einer aktiven Taktflanke ändern, werden die Ausgangssignale aus dem aktuellen Zustand und den neuen Eingangsgrössen gebildet. Betrachten wir als Beispiel den Zustand F2 in Abbildung 112, (siehe weiter oben). Das Eingangssignal IA trete auf. Dann wird aus IA und dem aktuellen Zustand F2 das zugehörige Ausgangssignal OD gebildet, und erst bei der nächsten Taktflanke wechselt der Zustand auf F0.

122   Automaten

Die Zustandsfolgetabelle für den Getränke-Automaten hat folgenden Inhalt:

Zeile	E3	E2	E1	Z2	Z1	Z2*	Z1*	J2	K2	J1	K1	OD	O1	O2
0	0	0	0	0	0	0	0	0	X	0	X	0	0	0
1	0	0	0	0	1	0	1	0	X	X	0	0	0	0
2	0	0	0	1	0	1	0	X	0	0	X	0	0	0
3	0	0	0	1	1	1	1	X	0	X	0	0	0	0
4	0	0	1	0	0	0	1	0	X	1	X	0	0	0
5	0	0	1	0	1	1	0	1	X	X	1	0	0	0
6	0	0	1	1	0	1	0	X	0	0	X	0	1	0
7	0	0	1	1	1	1	1	X	0	X	0	0	1	0
8	0	1	0	0	0	1	0	1	X	0	X	0	0	0
9	0	1	0	0	1	1	1	1	X	X	0	0	0	0
10	0	1	0	1	0	1	0	X	0	0	X	0	0	1
11	0	1	0	1	1	1	1	X	0	X	0	0	0	1
12	0	1	1	0	0	0	0	0	X	0	X	0	0	0
13	0	1	1	0	1	0	1	0	X	X	0	0	0	0
14	0	1	1	1	0	0	0	X	1	0	X	1	0	0
15	0	1	1	1	1	0	0	X	1	X	1	1	0	0
16	1	0	0	0	0	0	0	0	X	0	X	0	0	0
17	1	0	0	0	1	0	0	0	X	X	1	0	1	0
18	1	0	0	1	0	0	0	X	1	0	X	0	0	1
19	1	0	0	1	1	0	0	X	1	X	1	0	1	1
20	1	0	1	0	0	X	X	X	X	X	X	X	X	X
21	1	0	1	0	1	X	X	X	X	X	X	X	X	X
22	1	0	1	1	0	X	X	X	X	X	X	X	X	X
23	1	0	1	1	1	X	X	X	X	X	X	X	X	X
24	1	1	0	0	0	X	X	X	X	X	X	X	X	X
25	1	1	0	0	1	X	X	X	X	X	X	X	X	X
26	1	1	0	1	0	X	X	X	X	X	X	X	X	X
27	1	1	0	1	1	X	X	X	X	X	X	X	X	X
28	1	1	1	0	0	X	X	X	X	X	X	X	X	X
29	1	1	1	0	1	X	X	X	X	X	X	X	X	X
30	1	1	1	1	0	X	X	X	X	X	X	X	X	X
31	1	1	1	1	1	X	X	X	X	X	X	X	X	X

Gemäss unseren Vereinbarungen können die in den Zeilen 20 bis 31 aufgeführten Eingangskombinationen gar nicht auftreten; es spielt deshalb auch keine Rolle, wie das System in diesen Fällen reagiert.

Nach den möglichen Vereinfachungen erhalten wir die folgenden disjunktiven Formen für die **Zustandsübergangsfunktion δ**:

```
J2  =  (E2 & !E1) # (!E2 & E1 & Z1)
K2  =  E3 # (E2 & E1)
J1  =  !E2 & E1 & !Z2
K1  =  E3 # (E2 & E1 & Z2) # (!E2 & E1 & !Z2)
```

und für die **Ausgangsfunktion ω**:

OD = E2 & E1 & Z2
O1 = (E3 & Z1) # (E1 & Z2 & Z1) # (!E2 & E1 & Z2)
O2 = (E3 & Z2) # (E2 & !E1 & Z2)

Damit könnte der Automat eigentlich realisiert werden, zuvor müssen wir uns aber noch einige Überlegungen zur Aufbereitung der Eingangssignale und zu deren Synchronisierung machen. Wir setzen dabei voraus, dass der Sensor für den Münzeinwurf und auch die Tasten Signale liefern, die mindestens die Länge einer Taktperiode haben. Um bei mehreren gleichzeitig auftretenden Eingangssignalen klare Verhältnisse zu schaffen, legen wir für die Eingangssignale Prioritäten fest. Höchste Priorität hat der Einwurf einer Zweifranken-Münze, andernfalls würde man die Kunden verärgern. Die Eingangssignale nach ihrer Priorität geordnet wären damit:

I2 (höchste Priorität), I1, IG und IA (tiefste Priorität)

Daraus können wir für die codierten Eingangssignale E3, E2 und E1 die folgende Wahrheitstabelle aufstellen:

Zeile	I2	I1	IG	IA	E3	E2	E1
0	0	0	0	0	0	0	0
1	0	0	0	1	0	1	1
2	0	0	1	0	1	0	0
3	0	0	1	1	1	0	0
4	0	1	0	0	0	0	1
5	0	1	0	1	0	0	1
6	0	1	1	0	0	0	1
7	0	1	1	1	0	0	1
8	1	0	0	0	0	1	0
9	1	0	0	1	0	1	0
10	1	0	1	0	0	1	0
11	1	0	1	1	0	1	0
12	1	1	0	0	0	1	0
13	1	1	0	1	0	1	0
14	1	1	1	0	0	1	0
15	1	1	1	1	0	1	0

Hier wurden die oben erwähnten Prioritäten bereits berücksichtigt; so ist beispielsweise in den Zeilen 8 bis 15 der Ausgang auf "010" (entsprechend I2) gesetzt, auch wenn gleichzeitig noch andere, weniger wichtige Signale anliegen.

Für die codierten Eingangssignale E3, E2 und E1 erhält man nach Vereinfachung:

  E3 = !I2 & !I1 & IG
  E2 = I2 # (!I1 & !IG & IA)
  E1 = (!I2 & I1) # (!I2 & !IG & IA)

Diese Signale können zu einem beliebigen Zeitpunkt wechseln; wir müssen sie deshalb so synchronisieren, dass nur noch ein Wechsel zu den Zeitpunkten der aktiven Taktflanke möglich ist. Dabei muss beachtet werden, dass diese synchronisierten Eingangssignale nur während jeweils einer Taktperiode anliegen dürfen. Andernfalls würde bei längerem Vorhandensein z.B. des Signals I1 der Automat mit jedem Takt einen Franken mehr verbuchen bzw. beliebige Mengen von Einfrankenstücken auszahlen!

Unter der Voraussetzung, dass die physikalischen Eingangssignale länger als eine Taktperiode anliegen, was durch geeignete Signalgeber erreicht werden kann, können wir für die Synchronisation ein synchrones Monoflop (Seite 114) einsetzen.

Um die Schaltung nach dem Einschalten in einen definierten Zustand (F0) zu bringen, werden mit Hilfe der auf Seite 116 beschriebenen Normierschaltung die RESET-Eingänge der JK-Flip-Flops für kurze Zeit aktiviert.

Die Ausgangssignale sind auch nur für jeweils eine Taktperiode aktiv. Die angeschlossenen Peripheriegeräte (Dosen- und Münzausgabe) müssen diese Impulse deshalb unter Umständen noch zwischenspeichern, damit nichts verloren geht.

Beim Betrachten der vereinfachten Funktionen und der notwendigen Synchronisierung der Eingangssignale erkennt man, dass die Realisierung dieses Getränke-Automaten ziemlich aufwändig wird und viele Standard-ICs benötigt. Wir wollen deshalb an dieser Stelle auf die konkrete Realisierung verzichten und das im Kapitel 8 „Rechnerunterstützter Schaltungsentwurf" nachholen.

6.4 Übungsaufgaben

6.1 Ein Impulsgenerator soll nach dem Auftreten eines Startsignals S einen einmaligen Ausgangsimpuls liefern, dessen Dauer in Abhängigkeit von zwei Eingangsgrössen E1 (= MSB) und E0 (= LSB) zwischen 0 und 3 Taktperioden betrage. Man entwerfe das Zustandsdiagramm eines Moore-Automaten, der diese Anforderungen erfüllt.

6.2 Ein Fussgängerstreifen werde durch ein Lichtsignal gesichert. Im Normalfall habe der Strassenverkehr "Grün". Nach Drücken einer Taste soll das Lichtsignal auf "Gelb" wechseln (Fussgänger noch auf "Rot"), anschliessend auf "Rot" für den Strassenverkehr und "Grün" für die Fussgänger. Die Grünphase für die Fussgänger soll dreimal so lange dauern wie die Gelbphase für die Autos. Danach sollen die Fussgänger "Gelb" erhalten (Autos noch "Rot"), und abschliessend soll mit "Rot" für die Fussgänger und "Gelb-Rot" für die Autos wieder in den Normalzustand zurückgekehrt werden. Verlangt wird das Zustandsdiagramm für einen Moore-Automaten.

7

Programmierbare Logik

7.1 Programmierbare Speicher

Jede kombinatorische Logik (auch mit mehreren Ausgängen) kann durch eine Wahrheitstabelle beschrieben werden. Will man wissen, welche Ausgangssignale zu einer bestimmten Kombination von Eingangssignalen gehören, so kann man einfach die entsprechende Zeile in der Wahrheitstabelle suchen und auf der rechten Seite die Ausgangssignale ablesen. Die Kombination der Eingangsgrössen (d.h. die Minterme) geben also den Platz an, an dem die zugehörigen Ausgangsgrössen zu finden sind. Dieses Verhalten entspricht genau dem eines Speicherbausteins. Der Minterm ist sozusagen die Adresse, der Inhalt der betreffenden Speicherzelle entspricht der zugehörigen Kombination der Ausgangsgrössen. ***Man kann also grundsätzlich jede kombinatorische Logik auch mit Hilfe von Speicherbausteinen realisieren.***

Man unterscheidet verschiedene Arten von Speicherbausteinen. Einerseits kennen wir **RAM** (**R**andom **A**ccess **M**emory); ein Speicher, der sowohl einen schreibenden als auch einen lesenden Zugriff erlaubt. Sein Inhalt geht beim Ausschalten der Betriebsspannung verloren. SRAM (**S**tatic **RAM**) und DRAM (**D**ynamic **RAM**) werden vorwiegend als Arbeitsspeicher in Rechnern verwendet.

Eine andere Klasse von Speichern sind die **ROM**s (**R**ead **O**nly **M**emory) oder Festwertspeicher, wie sie auch genannt werden. Diese Speicher erlauben nur einen Lesezugriff; der Speicherinhalt kann nur während des Fabrikationsprozesses einprogrammiert werden. Dieser Baustein wurde dann zum **PROM** (**P**rogrammable **R**ead **O**nly **M**emory) weiterentwickelt. Ein PROM kann vom Anwender mit Hilfe eines speziellen Programmiergerätes selbst programmiert werden; die einmal gemachte Programmierung lässt sich aber nachträglich nicht mehr ändern (technisch gesehen werden zur Programmierung Sicherungen durchgebrannt). Etwas später kamen dann **EPROM**s auf den Markt (**E**rasable **P**rogrammable **R**ead **O**nly **M**emory), Bausteine also, bei denen der Speicherinhalt durch Bestrahlung mit UV-Licht wieder gelöscht werden kann. Heute sind auch schon **EEPROM**-Bausteine erhältlich (**E**lectrically **E**rasable **P**rogrammable **R**ead **O**nly **M**emory).

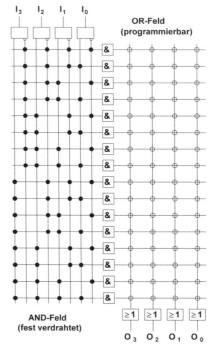

Abb. 114: Grundstruktur eines 16 x 4 Bit PROMs

Im Folgenden wollen wir die Struktur eines PROMs etwas näher untersuchen, ohne dabei auf seine innere technische Funktionsweise einzugehen. Wir betrachten ein PROM also einmal nur von der logischen Seite her. Die prinzipielle Struktur eines

PROMs am Beispiel eines Speicherbausteins mit 16 x 4 Bits ist in Abbildung 114 dargestellt.

Die in diesem Schema verwendete Symbolik ist etwas erklärungsbedürftig. Betrachten wir zunächst die AND-Glieder, die scheinbar nur je einen einzigen Eingang haben, was natürlich unsinnig wäre. Tatsächlich handelt es sich um eine Darstellung in Kurzform, indem jedes AND-Glied acht Eingänge besitzt. Die fetten Punkte (●) geben dabei an, mit welchen Eingangssignalen das AND-Glied verbunden ist. Die Boolesche Gleichung für den Ausgang des zweiten AND-Gliedes (von oben) würde also $!I_3 \& !I_2 \& !I_1 \& I_0$ lauten. Leitungskreuzungen ohne Punktmarkierung bedeuten, dass dort keine Verbindung zwischen den sich kreuzenden Linien existiert. Dasselbe gilt für die OR-Glieder, die tatsächlich hier 16 Eingänge aufweisen. Die Kreise (○) über den Kreuzungsstellen bedeuten, dass an dieser Stelle eigentlich eine Verbindung besteht, die aber durch Programmierung gelöst werden kann. Diese Kreise symbolisieren also die bereits erwähnten Sicherungen. Nach der Programmierung treten also keine Kreise mehr auf, sondern entweder fette Punkte oder leere Kreuzungen.

Machen wir ein kleines Beispiel. Wir wollen ein PROM als Code-Wandler vom Excess-3-Code in den normalen natürlichen BCD-Code einsetzen (Aufgabe 11). Die Lösung der Aufgabe (Anhang) zeigt uns die vereinfachten disjunktiven Formen. Diese nützen uns für die Programmierung eigentlich nichts, denn bei einem PROM *müssen* wir jedem Minterm eine bestimmte Ausgangskombination zuweisen; es gibt keine Don't cares. Für die nicht vorkommenden Eingangszustände wählen wir die Kombination 0000 als Ausgang. Damit erhalten wir die in Abbildung 115 gezeigte programmierte Schaltung.

Speicherbausteine als Ersatz für kombinatorische Logik haben auch Nachteile. Zum einen werden die Bausteine relativ schlecht ausgenützt; jeder Minterm muss gespeichert werden, eine Vereinfachung z.B. mit Hilfe eines Karnaugh-Diagramms bringt keine Erleichterung. Andererseits sind Speicher relativ langsame Bauelemente. Ihre Zugriffszeiten bewegen sich in der Grössenordnung von 100 ns, also erheblich mehr als die durchschnittliche Gate-Verzögerungszeit t_{pd}. Im Jahre 1978 hat die Firma Monolithic Memories Incorporated (MMI) ein Bauteil, das **PAL** (**P**rogrammable **A**rray **L**ogic) auf den Markt gebracht, das einen wesentlichen Fortschritt bezüglich der Arbeitsgeschwindigkeit bedeutete.

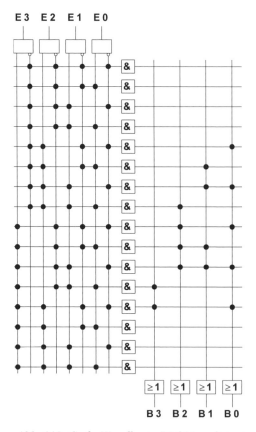

Abb. 115: Code-Wandler in PROM realisiert

7.2 PAL-Bausteine

Bei den PAL-Bausteinen ist, wie man der Abbildung 116 entnehmen kann, das AND-Feld programmierbar und das OR-Feld ist festverdrahtet. Mit dieser Struktur kann man auch disjunktive Formen mit bis zu vier Primtermen realisieren. Die Funktion dieses Bausteins ist also näher mit der klassischen Realisierung verwandt als diejenige des PROMs.

Wenn wir nun unser Beispiel, den Code-Wandler von Excess-3 zu BCD mit einem PAL realisieren wollen, so können wir auf die vereinfachten Funktionen zurückgreifen:

B3 = (E3&E2)#(E3&E1&E0)
B2 = (!E2&!E0)#(!E2&!E1)#(E2&E1&E0)
B1 = (E1&!E0)#(!E1&E0)
B0 = !E0

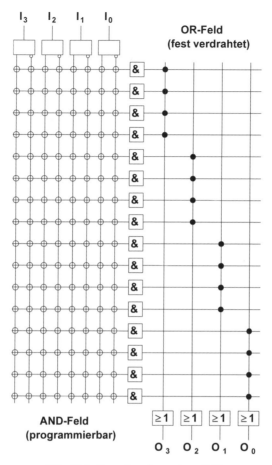

Abb. 116: Grundstruktur eines PALs

Im nachstehenden Schema (Abb. 117) sehen wir die eingetragenen programmierten Verbindungen. Wir erkennen, dass der Baustein nun auch einige leere, d.h. unnötige AND-Glieder aufweist, die wegen der festen Zuordnung von vier Primtermen pro Ausgangssignal nicht weiter genutzt werden können. Immerhin ist zu sagen, dass sich PAL-Bausteine im Allgemeinen recht gut ausnutzen lassen, weil ja bei praktischen PALs auch mehr Ein- und Ausgänge vorhanden sind. Bei einem häufig verwendeten Typ eines rein kombinatorischen PALs, dem PAL16L8, haben wir 10 Eingänge und 8 Ausgänge; zusätzlich sind noch 6 der Ausgänge wieder in das AND-Feld zurückgeführt. Jede AND-Verknüpfung hat 7 Eingänge; eine realisierte disjunktive Form kann also bis zu 7 Primterme aufweisen. Diese feste Zuordnung der AND-Terme zu den OR-Termen ist ein Nachteil der PAL-Bausteine. Weist nämlich eine disjunktive Verknüpfung nur beispielsweise drei Primterme auf, so können wir mit den freibleibenden vier AND-Gliedern nichts anfangen. Die Hardware wird also nicht immer optimal ausgenützt.

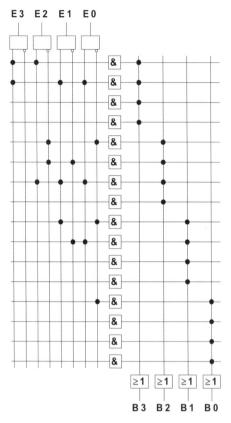

Abb. 117: Code-Wandler mit PAL realisiert

Die PAL-Bausteine sind sehr beliebt, weil sie relativ einfach zu programmieren sind. Schon bald gab es einfach zu bedienende Software, die die gewünschte Logik im Baustein selbst umsetzte. Bekannt wurde hier vor allem das Programm PALASM (PAL-Assembler), das vom PAL-Hersteller MMI (heute zu AMD gehörend) in der Regel zum Nulltarif geliefert wurde. MMI liess übrigens den Namen „PAL" schützen, sodass heute eigentlich nur die Produkte dieses Herstellers diesen Namen tragen dürfen. Ungeachtet dessen hat sich der Name auch für die gleichartigen Produkte anderer Hersteller eingebürgert (vielleicht auch gegen Entrichtung ausreichender Lizenzgebühren, was aber die Firma MMI auch nicht vor dem Verlust der Selbständigkeit bewahrt hat).

7.3 PLA-Bausteine

Mehr Flexibilität und bessere Ausnutzung des Siliziums als bei den PAL-Bausteinen möglich bietet hier das PLA (Programmable Logic Array), wie es auch von verschiedenen Herstellern angeboten wird.

Beim PLA sind sowohl das AND-Feld als auch das OR-Feld frei programmierbar. Dadurch erzielt man grösstmögliche Flexibilität im Schaltungsentwurf. Allerdings steigt hier der technologische Aufwand drastisch an (viel höhere Zahl von „Sicherungen"), und auch der Programmieraufwand ist wesentlich grösser als bei einem PAL. Im Übrigen sind auch hier die erhältlichen PLAs viel komplexer, als in diesem Beispiel gezeichnet. In das AND-Feld zurückgeführte Ausgänge sind auch beim PLA die Norm.

Abb. 118: Grundstruktur eines PLAs

Der Vollständigkeit halber wollen wir unser Code-Wandler-Beispiel auch mit einem PLA realisieren. In der folgenden Darstellung (Abb. 119) sehen wir, dass die Hälfte der AND-Verknüpfungen noch unbenutzt sind. Wenn, wie in der Praxis üblich, der Baustein mehr als vier Ausgänge hat, könnten diese unbenutzten Verknüpfungen zur Bildung weiterer Ausgangssignale verwendet werden. PLA-Strukturen führen deshalb zu den höchsten Ausnutzungsgraden unter den bisher besprochenen programmierbaren Logik-Bausteinen.

Bisher haben wir nur rein kombinatorische programmierbare Bausteine betrachtet. Es gibt aber mittlerweile auch eine grosse Zahl von PALs und PLAs, die zusätzlich zu den nach wie vor vorhandenen AND- und OR-Feldern noch Flip-Flops in den Ausgangskreisen enthalten. Man spricht dann von Bausteinen mit Register-Ausgängen. Ein typischer Vertreter dieser Gattung ist das PAL16R4, ein Baustein, bei dem vier Ausgänge über D-Flip-Flops führen, die an einem gemeinsamen Takt liegen. Mit solchen Bausteinen lassen sich also auch sequentielle Logik-Schaltungen wie Zähler oder Automaten realisieren.

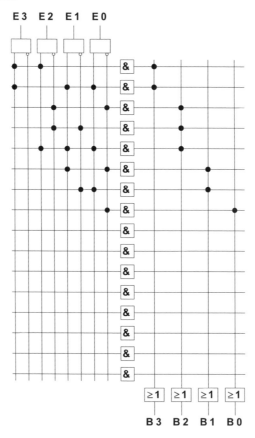

Abb. 119: Code-Wandler mit PLA realisiert

Alle bisher besprochenen Technologien hatten einen Nachteil. Wenn die Programmierung abgeschlossen ist, lässt sich am Schaltungsverhalten nichts mehr ändern (eine durchgebrannte Sicherung bleibt eben durchgebrannt). Die auch in den EPROMs verwendete CMOS-Technologie erlaubte es der Firma Lattice, eine neue Art programmierbarer und wieder löschbarer (genauer gesagt: überschreibbarer) Bausteine zu entwickeln: die **GAL**-Bausteine (**G**eneric **A**rray **L**ogic). GALs haben an Popularität verloren, sind aber dank ihrer Einfachheit eine gute Einführung in die Welt der PLDs.

7.4 Die GAL-Architektur

Vom inneren Aufbau her können GALs als Weiterentwicklung der PALs betrachtet werden. Im Gegensatz zu den PALs können sie aber bis zu 100 Mal neu programmiert werden, was vor allem in der Entwicklungsphase zu erheblichen Kosteneinsparungen führt. Die benötigten Programmiergeräte können auch einfacher und billiger gemacht werden als bei PALs. Die Bausteine sind recht schnell; die typische Verzögerungszeit von Eingang zu kombinatorischem Ausgang liegt heute bei weniger als 10 ns. Ein weiterer Vorteil der GALs besteht darin, dass mit nur drei GAL-Typen (GAL16V8, GAL20V8 und GAL22V10) fast alle PAL-Typen ersetzt werden können. Die Preise liegen bei wenigen Franken.

Die enorme Flexibilität der GALs hat ihren Grund in den *konfigurierbaren Ausgängen*. Man kann die Ausgänge als zusätzliche Eingänge nutzen, die Ausgänge können kombinatorisch sein (der Zustand hängt nur vom aktuellen Zustand der Eingänge ab), sie können als Tristate-Ausgänge geschaltet werden, oder sie können über Register (D-Flip-Flops) gepuffert sein.

Der Begriff „Tristate-Ausgang" muss noch erläutert werden. Ein gewöhnlicher Logikausgang hat logisch gesehen entweder ein 1- oder ein 0-Signal. Elektrisch bedeutet das, dass der Ausgang entweder niederohmig mit Masse oder niederohmig mit der Betriebsspannung verbunden ist. Ein Tristate-Ausgang hat, wie der Name schon andeutet, drei mögliche Ausgangszustände: niederohmig an Masse, niederohmig an Betriebsspannung oder sehr hochohmig. Dieser dritte Zustand wird häufig mit Z bezeichnet (H, L und Z). Die möglichen Ausgangszustände werden durch eine zusätzliche Eingangsvariable EN (Enable) gesteuert. Für EN = 1 ist der Ausgang normal (H oder L, je nach Eingang), für EN = 0 ist er hochohmig (Z, unabhängig vom Eingang). Solche Tristate-Ausgänge werden vorzugsweise in Bus-Systemen verwendet. Hier haben wir in der Regel mehrere miteinander verbundene Ausgänge, von denen immer nur einer aktiv sein darf (Kurzschluss-Gefahr!), die anderen Ausgänge müssen dann jeweils in den inaktiven Zustand Z geschaltet werden.

Abb. 120: Symbole für Tristate-Ausgänge

Oben stehen die Schaltsymbole für Tristate-Ausgänge. Das auf der Spitze stehende Dreieck bezeichnet den Tristate-Ausgang, die Eingangsgrösse EN entspricht dem Steuereingang. Der andere Eingang ist der normale Signaleingang des Buffers (links) bzw. Inverters (rechts).

7.4.1 Übersicht über das GAL16V8

Die GAL-Architektur besteht ähnlich wie die eines PALs aus einem programmierbaren AND-Feld und einem fest programmierten OR-Feld. Die Eingangsmatrix besteht aus 16 Eingangssignalen (jeweils direkt und invertiert) und 64 AND-Verknüpfungen. Die 64 AND-Terme sind in acht Gruppen zu je acht Termen zusammengefasst. Sieben oder acht der AND-Terme einer Gruppe werden OR-verknüpft, um eine disjunktive Form zu bilden; der achte Term kann in gewissen Fällen dazu verwendet werden, den jedem Ausgang zugeordneten Tristate-Ausgang zu steuern.

Wie man dem Logik-Schema entnehmen kann, haben wir insgesamt acht Ausgangsfunktionen zur Verfügung. Diese Ausgänge sind über eine *Output Logic Macro Cell* (OLMC) mit der Matrix verbunden. Diese acht OLMCs steuern den Informationsfluss zwischen den Ein- und den Ausgangssignalen der Matrix und den Anschlusspins des GALs. Je nach Konfiguration der OLMC kann ein Ausgang rein kombinatorisch oder als Register-Ausgang ausgelegt sein. Im Falle eines Register-Ausganges wird das Signal in einem positiv flankengetriggerten D-Flip-Flop gespeichert. Zusätzlich kann in jedem Fall die Polarität des Ausgangssignals für jede Zelle einzeln festgelegt werden (Inversion des Ausganges). Die Eigenschaften jeder Ausgangszelle (OLMC) werden in einigen im GAL gespeicherten Steuerbits festgehalten; diese Steuerbits werden durch die Entwurfs-Software bestimmt und brauchen uns im Moment nicht weiter zu kümmern.

Die möglichen Konfigurationen werden in drei Modi eingeteilt: "Small-PAL"-Modus, "Registered-PAL"-Modus und "Medium-PAL"-Modus. Diese Modi entsprechen den Architekturen der durch den GAL-Baustein emulierten PAL-Bausteine (siehe PAL/GAL-Datenbücher). Die folgende Tabelle gibt einen Überblick über diese drei Modi.

Pin-Nummer	"Small-PAL"-Modus	"Registered-PAL"-Modus	"Medium-PAL"-Modus
1	INPUT	TAKT	INPUT
19	INPUT oder OUTPUT	REGISTER oder I/O	TRISTATE
18	INPUT oder OUTPUT	REGISTER oder I/O	I/O
17	INPUT oder OUTPUT	REGISTER oder I/O	I/O
16	OUTPUT	REGISTER oder I/O	I/O
15	OUTPUT	REGISTER oder I/O	I/O
14	INPUT oder OUTPUT	REGISTER oder I/O	I/O
13	INPUT oder OUTPUT	REGISTER oder I/O	I/O
12	INPUT oder OUTPUT	REGISTER oder I/O	TRISTATE
11	INPUT	!OE	INPUT

Die GAL-Architektur 137

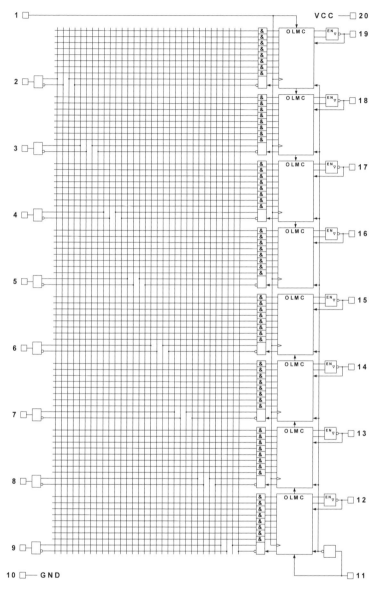

Abb. 121: *Architektur des GAL16V8*

Die Pins 2 ... 9 sind immer Eingänge. Der Begriff "OUTPUT" im "Small-PAL"-Modus bedeutet einen immer aktiven, rein kombinatorischen Ausgang (der TRISTATE-Ausgang ist fest mit EN = 1 beschaltet). Der Begriff "REGISTER" im "Registered-PAL"-Modus bedeutet, dass der Ausgang des D-Flip-Flops einerseits an den Ausgangspin und gleichzeitig wieder in die AND-Matrix zurückgeführt wird. Alle REGISTER-Ausgänge werden durch das Signal "!OE" (Output Enable) an Pin 11 gesteuert (aktiv,

138 Programmierbare Logik

wenn das Signal an Pin 11 im Zustand 0 ist). "I/O" beschreibt einen bidirektionalen Pin, der je nach Zustand des Enable-Signals an der Ausgangsklemme entweder als Eingang (EN = 0) oder als kombinatorischer, immer aktiver Ausgang (EN = 1) betrieben werden kann. In diesem Fall wird der früher erwähnte achte AND-Term zur Steuerung verwendet; zur Bildung der Ausgangsfunktion können also nur sieben AND-Terme benützt werden. Dasselbe gilt für die mit "TRISTATE" bezeichneten Pins 12 und 19; sie können aber nicht als Eingänge verwendet werden. Für EN = 0 sind diese Ausgänge inaktiv (hochohmig). Wir können also bei einem GAL die folgenden Ausgangskonfigurationen realisieren:

a) **INPUT** (Pin nur als Eingang verwendet; Small-PAL-Mode)

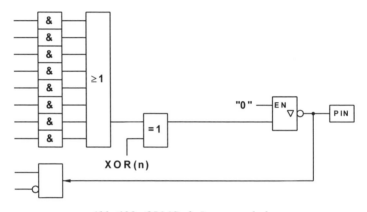

Abb. 122: OLMC als Input geschaltet

Das Enable-Signal des Tristate-Ausgangs ist auf "0", d.h. dass der Ausgang immer inaktiv ist. Die zugehörigen AND-OR-Verknüpfungen sind also völlig wirkungslos. Die Klemme wird nur als Eingangsklemme benützt.

b) **OUTPUT** (rein kombinatorischer Ausgang, der immer aktiv ist)

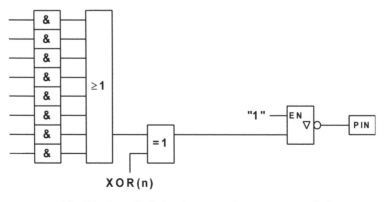

Abb. 123: OLMC als kombinatorischer Output geschaltet

Die GAL-Architektur

Der Enable-Eingang des Tristate-Inverters liegt fest auf "1", der Ausgang ist also immer aktiv. Mit Hilfe des EX-OR-Gliedes kann das Ausgangssignal der AND-OR-Verknüpfung noch invertiert werden; das dazu benötigte Bit XOR(n) wird für jede OLMC separat gespeichert.

c) I/O (Pin kann als Eingang oder als kombinatorischer Ausgang benutzt werden)

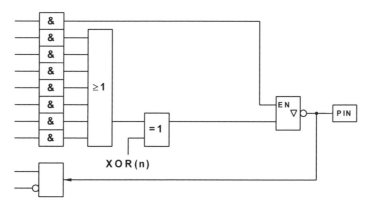

Abb. 124: OLMC als I/O-Pin geschaltet

Hier wird der achte AND-Term zur Steuerung des Enable-Einganges benutzt. Damit wird festgelegt, ob der Pin als Ein- oder als Ausgang arbeitet.

d) REGISTER (mit Speicherung in D-Flip-Flop)

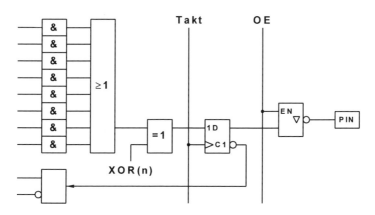

Abb. 125: OLMC als Register-Ausgang geschaltet (D-FF)

140   Programmierbare Logik

Bei den REGISTER-Ausgängen wird das Enable-Signal von Pin 11 (!OE) gesteuert. Diese Steuerung wirkt gleichermassen auf alle Register-Ausgänge. Der invertierte Flip-Flop-Ausgang wird in die AND-Matrix zurückgeführt.

e) TRISTATE (von AND-Term gesteuerter kombinatorischer Ausgang)

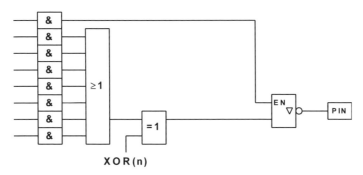

Abb. 126: OLMC als Tristate-Ausgang geschaltet

7.4.2 Die Output Logic Macro Cell (OLMC)

Alle auf den vorhergehenden Seiten dargestellten Ausgangskonfigurationen sind mit einer einzigen vielseitigen Schaltung realisiert, eben mit der OLMC. In der folgenden Abbildung sehen wir den inneren Aufbau dieser Ausgangszelle:

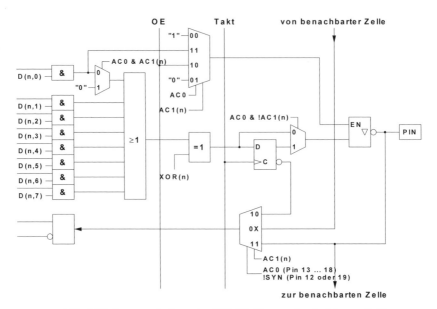

Abb. 127: Innerer Aufbau der OLMC (Output Logic Macro Cell)

Die GAL-Architektur

Die trapezförmigen Symbole stellen Multiplexer dar, die Steuersignale sind jeweils an den Schrägseiten gezeigt. Die verwendeten Steuersignale sind teilweise global (AC0 und SYN), d.h. für den ganzen Chip gültig, zum Teil sind sie lokal (AC1(n), XOR(n)), also nur für diese Zelle gültig. Die Bits AC0 und SYN legen den Modus fest; SYN = 1 und AC0 = 0 ergeben den Small-PAL-Modus, SYN = 0 und AC0 = 1 führen zum Registered-PAL-Modus und SYN = 0 und AC0 = 1 bedeuten den Medium-PAL-Modus. Innerhalb eines Modus kann noch mit AC1(n) für jede einzelne Zelle die Konfiguration des Ausganges festgelegt werden. Im Medium-PAL-Modus ist allerdings nur AC1(n) = 1 erlaubt. Das Bit XOR(n) legt fest, ob der Ausgang noch invertiert wird oder nicht.

Eine Zusammenstellung dieser Abhängigkeiten findet man in der folgenden Tabelle.

Pin-Nr.	Small-PAL		Registered-PAL		Medium-PAL
1	INPUT	INPUT	Takt	Takt	INPUT
19	OUTPUT	INPUT	REGISTER	I/O	TRISTATE
18	OUTPUT	INPUT	REGISTER	I/O	I/O
17	OUTPUT	INPUT	REGISTER	I/O	I/O
16	OUTPUT*	---	REGISTER	I/O	I/O
15	OUTPUT*	---	REGISTER	I/O	I/O
14	OUTPUT	INPUT	REGISTER	I/O	I/O
13	OUTPUT	INPUT	REGISTER	I/O	I/O
12	OUTPUT	INPUT	REGISTER	I/O	TRISTATE
11	INPUT	INPUT	!OE	!OE	INPUT
	AC1(n)=0	AC1(n)=1	AC1(n)=0	AC1(n)=1	AC1(n)=1
	SYN=1, AC0=0		SYN=0, AC0=1		SYN=1, AC0=1

Die Striche (---) bei den Pins 15 und 16 bedeuten, dass in dieser Konfiguration der Pin weder als Ein- noch als Ausgang verwendet werden kann. Die beiden Ausgänge OUTPUT* werden nicht mehr in die AND-Matrix zurückgeführt.

Die im Schema (Abb. 127) gezeichneten Pfeile zu bzw. von der benachbarten Zelle müssen auch noch genauer interpretiert werden. Im GAL-Gesamtschema (Abb. 121) erkennen wir, dass bei der zum Pin 19 gehörenden OLMC der Takteingang (Pin 1) die Rolle der benachbarten Zelle übernimmt. Dasselbe gilt für die OLMC von Pin 12 und das Signal !OE (Pin 11). Ebenso ist noch zu beachten, dass die OLMCs der Pins 15 und 16 keine Signale mehr weiter reichen; es gibt dort keinen zur benachbarten Zelle zeigenden Pfeil. Das ist schliesslich auch die Erklärung für das von der Regel abweichende Verhalten der Pins 12, 15, 16 und 19, wie es aus der oben stehenden Tabelle hervorgeht. Mit den Signalen PTD(n,i) können die einzelnen AND-Terme blockiert (unwirksam gemacht) werden (PTD(n,i) = 0). Die Bezeichnung PTD steht für „**P**roduct **T**erm **D**isable"; eine AND-Verknüpfung wird wegen der älteren Schreibweise in der Schaltalgebra auch logisches Produkt genannt. Diese Steuerbits werden wie die Bits XOR(n) und AC1(n) für jede Zelle separat gespeichert.

7.4.3 Die Programmierung

Zur Programmierung des GALs müssen elektronische „Sicherungen" gebrannt werden; jede Sicherung entspricht einem Bit. Die Zuordnung der Bits zu den Kreuzungspunkten der Matrix ist in der folgenden Darstellung festgehalten:

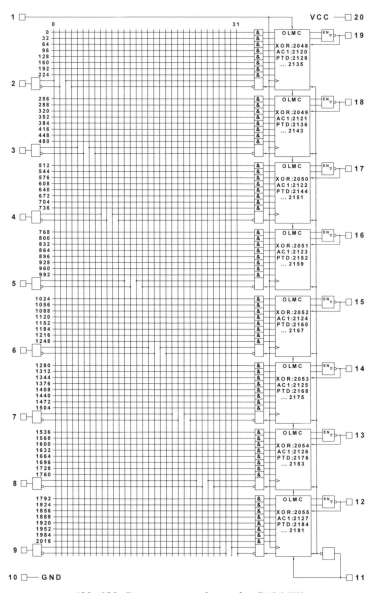

Abb. 128: Programmierschema des GAL16V8

Die AND-Matrix besteht aus 64 Zeilen mit je 32 Spalten. Die Kreuzungspunkte, die je eine Sicherung aufweisen, sind von links nach rechts und von oben nach unten fortlaufend durchnummeriert. Die erste Zeile enthält also die Bits 0 bis 31, die zweite Zeile beginnt mit dem Bit 32 und endet mit dem Bit 63. Der letzte Kreuzungspunkt der Matrix (rechts unten) gehört demnach zum Bit 2047. Anschliessend an dieses Bit werden auf den Plätzen 2048 bis 2055 die XOR(n)-Bits gespeichert. Die OLMCs sind dabei von oben nach unten nummeriert, ebenso wie die Bits PTD innerhalb einer OLMC. Die 64 Bits von 2056 bis 2119 können eine Benutzer-Signatur enthalten (z.B. einen Namen mit 8 Zeichen). Die Bits 2120 bis 2127 enthalten die AC1(n)-Bits (AC steht für **A**rchitecture **C**ontrol); daran anschliessend folgen auf den Plätzen 2128 bis 2191 die PTD(n,i)-Bits. Das globale Bit SYN liegt auf Platz 2192, AC0 auf Platz 2193.

Die eigentliche Programmierung geschieht in einem Programmiergerät, das die logischen Informationen in einen entsprechenden Ablauf von Spannungen an verschiedenen Pins umsetzt, um so die Informationen im GAL zu speichern. Das Programmiergerät benötigt seinerseits die Informationen in einem genormten Dateiformat, nämlich in Form einer JEDEC-Datei (**J**oint **E**lectronic **D**evices **E**ngineering **C**ouncil). Ein Beispiel einer solchen JEDEC-Datei für ein GAL16V8 ist auf der folgenden Seite dargestellt.

Wir erkennen beim Betrachten der JEDEC-Datei, dass die Matrix für die Pins 18 und 19 (Bits 0 bis 511) gar nicht definiert ist. Für alle Bits, deren Wert in der Datei nicht explizit vorgeschrieben ist, gilt ein Default-Wert; in unserem Beispiel ist der Default-Wert "0" spezifiziert. Eine "0" in der JEDEC-Datei bedeutet, dass die betreffende Sicherung intakt bleibt; eine "1" bewirkt ein Durchbrennen der Sicherung. Dies gilt für die AND-Matrix, die übrigen Werte wie PTD, AC1, XOR etc. werden mit ihren normalen logischen Werten eingetragen.

Im Prinzip wäre es möglich, eine logische Schaltung quasi „von Hand" in ein GAL zu übertragen und die für das Programmiergerät benötigte JEDEC-Datei mit einem ASCII-Editor zu schreiben. Dieses Verfahren wäre aber sehr umständlich und fehleranfällig; erschwerend kommt noch dazu, dass man sich erst mit dem genauen Aufbau der JEDEC-Datei vertraut machen müsste. In der Regel wird man die Aufgabe, einen logischen Entwurf in einem GAL zu realisieren, einer Software überlassen. Es sind verschiedene solche Software-Pakete auf dem Markt. Einige teure und sehr leistungsfähige sind herstellerunabhängig, andere werden von den GAL-Herstellern zu sehr günstigen Preisen angeboten. Diese Programme erlauben aber in der Regel nur die Realisierung von Schaltungen mit den Bausteinen des betreffenden Herstellers.

Beispiel einer JEDEC-Datei:

```
^B                                      Start of Text (CTRL-B)
Titel, Kommentar*
NOTE PINS clk:1 up:2 down:3 rst:4 /oe:11 o1:12 o2:13 o3:14 o4:15*
NOTE PINS sb2:16 sb1:17*
NOTE GALMODE REGISTERED*
QF2194*                                 Zahl der Sicherungen
QP20*                                   Zahl der Pins
F0*                                     Default-Wert
L0512                                   Matrixinformation für Pin 17
0111101110101101111111111111111
1011011110101101111111111111111
0111011110011101111111111111111
1011101110011101111111111111111
0111011110011101111111111111111
1011101110011101111111111111111
0111011110101101111111111111111
1011011110101101111111111111111*
L0768                                   Matrixinformation für Pin 16
1011011110101101111111111111111
0111101110011101111111111111111
1011011110011101111111111111111
0111011110011101111111111111111
1011101110011101111111111111111
0111101110101101111111111111111
0111011110101101111111111111111
1011101110101101111111111111111*
L1024                                   Matrixinformation für Pin 15
1111111111111111111111111111111
1111111110011101111111111111111*
L1280                                   Matrixinformation für Pin 14
1111111111111111111111111111111
1111111110101101111111111111111*
L1536                                   Matrixinformation für Pin 13
1111111111111111111111111111111
1111111110011101111111111111111*
L1792                                   Matrixinformation für Pin 12
1111111111111111111111111111111
1111111110101101111111111111111*
L2048                                   XOR(n)-Bits
00111111*
L2120                                   AC1(n)-Bits
11001111*
L2128                                   PTD(n,i)-Bits
00000000000000011111111111111111000000110000001100000011000000*
L2192                                   SYN und AC0
01*
C5A63*                                  Prüfsumme
^C0000                                  End of Text (CTRL-C 0000)
```

7.4.4 Die Architektur des GAL22V10

Die Architektur des GAL22V10 unterscheidet sich in einigen Punkten von der des GAL16V8, wie man der folgenden Abbildung entnehmen kann:

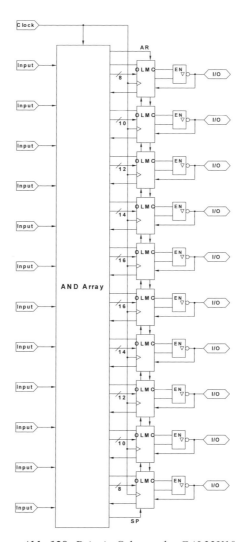

Abb. 129: *Prinzip-Schema des GAL22V10*

Abgesehen von der grösseren Zahl der Ein- und Ausgänge werden beim GAL22V10 nicht jeder Makrozelle gleich viele Produkt-Terme (AND-Terme) zugeführt. Die Zahl schwankt je nach Makrozelle zwischen 8 und 16 Produkt-Termen. Dadurch können mit dem GAL22V10 wesentlich kompliziertere logische Verknüpfungen realisiert werden als mit dem GAL16V8 (je 8 Produkt-Terme pro Makrozelle). Ein weiterer Unterschied betrifft den Takteingang. Zwar ist auch beim GAL22V10 ein Eingang als Takteingang reserviert; das Signal wird aber auf jeden Fall in die Verknüpfungs-Matrix geführt und steht damit auch zur Bildung logischer Verknüpfungen zur Verfügung.

Die Steuerung der Tristate-Ausgänge ist ebenfalls etwas differenzierter. So kann jeder Ausgang (auch im Register-Modus) einzeln in den hochohmigen Zustand geschaltet werden und nicht wie beim GAL16V8 nur alle Register gleichzeitig. Zudem existiert neu die Möglichkeit, alle Register simultan und asynchron auf "0" zu setzen (asynchroner Reset). Man kann ebenfalls alle Register synchron (also mit der aktiven Taktflanke) auf "1" setzen (synchroner Preset). Alle weiteren vom GAL16V8 her bekannten Eigenschaften wurden übernommen.

Aus diesen Unterschieden erkennt man, dass man doch ziemlich gute Kenntnisse der Architektur der verfügbaren programmierbaren Logik-Bausteine haben muss, um für eine bestimmte Aufgabe den am besten geeigneten auszuwählen. Die aktuellsten Angaben über die verfügbaren Bausteine sowie die entsprechenden Datenblätter erhält man über das Internet bei den einschlägigen Herstellern (z.B. Lattice oder Cypress, http://www.latticesemi.com, http://www.cypress.com).

Aus diversen Gründen sind GALs heute nicht mehr so populär wie vor einigen Jahren.
- Die Ressourcen von Gals sind limitiert (Anzahl von IOs und logische Blöcke) und sind meist ungenügend für moderne Anforderungen.
- ISP (In-System-Programmierung) ist oft nicht vorhanden, d.h. die Schaltungen brauchen spezielle Programmiergeräte und müssen von PCB (engl. Printed Circuit Board) (Platine) entfernt werden, um sie neu zu programmieren.
- Der Stromverbrauch ist hoch.
- Die Schaltungen sind langsam.

Es gibt zwar Anstrengungen, um diese Nachteile zu limitieren (ispGAL Familie von lattice). Aber allgemein sind CPLDs eine bessere Altenative und der Trend geht Richtung FPGA.

7.5 Komplexere Bausteine

7.5.1 CPLD (Complex Programmable Logic Devices)

Unter einem CPLD versteht man einen programmierbaren Logik-Baustein, der im Prinzip immer noch die gleiche Architektur wie ein GAL aufweist, aber viel mehr Ein- und Ausgänge enthalten kann. Dadurch würde aber die Zahl der Verknüpfungspunkte in der Matrix enorm ansteigen (beim GAL16V8 sind es etwa 2200 „Sicherungen", beim GAL22V10 bereits etwa 5800), was zu Problemen bei der Realisierung führen würde. Deshalb sind die CPLDs aus einzelnen Logik-Blöcken zusammengesetzt, von denen jeder in seiner Komplexität etwa einem GAL22V10 entspricht. Diese Logik-Blöcke sind mit einer Verknüpfungs-Matrix (PIM = Programmable Interconnect Matrix) verbunden.

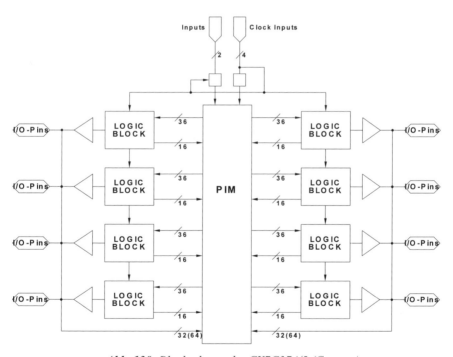

Abb. 130: Blockschema des CY7C374/5 (Cypress)

Als Beispiel sei hier der CY7C374/5 von Cypress angeführt. Dieser CPLD enthält insgesamt 128 Makrozellen. Beim CY7C375 ist jeder Makrozelle ein Pin zugeordnet, beim CY7C374 ist nur jede zweite Makrozelle mit einem Pin verbunden. Der letztere Baustein eignet sich also besonders für Anwendungen, die relativ wenige Ein- bzw. Ausgänge benötigen, dafür viele Register beanspruchen (Automaten). Bei Automaten ist es oftmals nicht notwendig, zum Beispiel die Zustandsregister nach aussen sichtbar zu machen; man kann dann mit Vorteil dazu die verborgenen Register verwenden. Der CY7C375 ist vor allem für Anwendungen mit vielen Ein- und Ausgängen gedacht, also zur Realisierung von sehr komplexen kombinatorischen Aufgaben oder zur Speicherung und Pufferung von Signalen mit vielen Bits (Bus-Interface-Schaltungen).

Bei diesen Bausteinen sind vier voneinander unabhängige Taktsignale verfügbar. Man kann also jedem Register einzeln vorschreiben, auf welches der Taktsignale es reagieren soll. Dadurch können zum Beispiel auch mehrere unabhängige Logikschaltungen im gleichen Baustein realisiert werden.

Bedingt durch die verwendete Architektur (Verknüpfungsmatrix, AND-Matrix in den Logik-Blöcken und Makrozellen) sind die Signallaufzeiten in einem CPLD wie in einem GAL konstant und bekannt. Timing-Probleme, die durch unterschiedliche Signallaufzeiten hervorgerufen werden, sind bei diesen Bausteinen eher selten. Die Bausteine sind auch ziemlich schnell; so kann der CY7C374 als Automat doch mit über 100 MHz Taktfrequenz betrieben werden. Nachteilig ist der relativ hohe Stromverbrauch, der bei den besprochenen Typen bei etwa 300 mA liegt.

Die meisten CPLD-Bausteine sind wie die GALs mehrmals programmierbar, was vor allem die Schaltungs-Entwicklung verbilligt. Andererseits müssen natürlich auch bei Gross-Serien diese Bausteine eingesetzt werden, was sich nachteilig auf die Produktionskosten auswirkt.

7.5.2 FPGA (Field Programmable Gate Array)

Gate Arrays haben einen gegenüber CPLDs andersgearteten Aufbau. Im Prinzip sind auf dem Chip in Form einer Matrix-Struktur viele gleichartige elementare Logik-Zellen verteilt. Dazu kommt noch eine grössere Anzahl I/O-Zellen, die die Verbindungen nach aussen sicherstellen. Zur Realisierung der notwendigen Verbindungen zwischen den einzelnen Logik-Zellen beziehungsweise zwischen Logik-Zellen und I/O-Blöcken sind sowohl horizontale als auch vertikale Verbindungswege angelegt.

In Abbildung 131 ist ein kleiner Ausschnitt aus einem FPGA dargestellt. Man erkennt die I/O-Blöcke mit ihren Anschlussleitungen sowie die Logik-Zellen, deren Ein- und Ausgänge ebenfalls auf Anschlussleitungen geführt werden. Daneben sind die oben angesprochenen Verbindungsleitungen sichtbar. Bei jedem Kreuzungspunkt können die betreffenden zwei Leitungen miteinander verbunden werden. Auf diese Art und Weise können beliebige Verbindungen realisiert werden. Allerdings ist die Zahl der Verbindungsleitungen begrenzt, sodass unter Umständen eine Schaltung nicht realisiert werden kann, weil nicht genügend Verbindungswege vorhanden sind. Zur in dieser Hinsicht optimalen Positionierung der benötigten Logik-Funktionen werden an die notwendige Entwurfs-Software enorm hohe Anforderungen gestellt. Trotzdem können im Allgemeinen FPGAs auch nicht zu 100% ausgenützt werden.

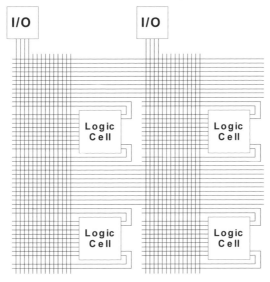

Abb. 131: *Ausschnitt aus einem Gate Array*

Bedingt durch die nun unvermeidlich unterschiedlich langen Verbindungsleitungen sowie die Tatsache, dass im Gegensatz zu GALs die Logik nicht mehr nur zweischichtig (eine AND- und eine OR-Schicht), sondern mehrschichtig aufgebaut ist, kann auch das exakte Zeitverhalten einer Logikschaltung nicht mehr ohne Weiteres vorhergesagt werden. Man benötigt dazu spezielle Simulationsprogramme, die genaue Angaben über die geometrischen und elektrischen Daten des verwendeten Bausteins enthalten müssen und entsprechend grosse Rechner-Ressourcen benötigen.

Die einzelnen Logik-Zellen sind recht einfach aufgebaut, wie das nachstehende, ziemlich typische Beispiel zeigt (Abb. 132). Sie bestehen aus Flip-Flops und LUT (Look Up Table). Komplexere Logik-Funktionen benötigen unter Umständen eine Vielzahl solcher Logik-Zellen. Dementsprechend enthält ein FPGA Tausende solcher Logik-Zellen. Der Entwurf einer Logik-Schaltung kann also überhaupt nicht mehr ohne Rechnerunterstützung erfolgen. SRAM-Speicherzellen werden bei den meisten FPGA verwendet, um die „Verbindungsinformation" (der Entwicklung) zwischen den verschiedenen Grundelementen zu behalten. Diese Information wird am Anfang (Booting) von einem nichtflüchtigen Speicher oder von einem Mikrokontroller gelesen und in die SRAM-Zellen geschrieben. Dazu wird oft ein JTAG oder eine andere serielle Schnittstelle verwendet. Es gibt auf dem Markt einige Firmen wie Actel (www.actel.com) und Lattice (www.latticesemi.com), deren FPGA nichtflüchtige Speicher anstelle von SRAM-Zellen benützen.

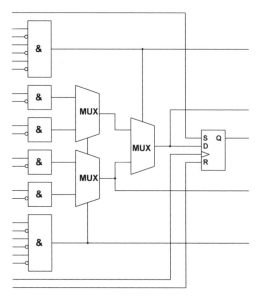

Abb. 132: Logik-Zelle eines pASIC380 (Cypress)

FPGA sind langsamer und teuer als CPLDs. Sie ermöglichen aber den Entwurf komplexer Schaltungen. Sie können auch benützt werden, um CPU zu implementieren, und ermöglichen so hoch integrierte Entwicklungen, mit Prozessor und Hardware-Teilen. FPGAs können auch in batteriebetriebenen Geräten Verwendung finden. Die Haupthersteller von FPGA sind heute Xilinx (www.xilinx.com) und Altera (www.altera.com). Neben diesen beiden, die den Markt dominieren, findet man Firmen wie Actel, Lattice, Quicklogic, Atmel, Cypress.

8

Rechnerunterstützter Schaltungsentwurf

8.1 Entwurf und Programmierung

Die Realisierung eines programmierbaren Logikbausteins zerfällt grob in zwei Schritte. Zunächst wird mit Hilfe einer Art Beschreibungsmethode (Programmiersprache, Schemaerfassung, Zustandsdiagramm-Editor, ...), die logische Funktion definiert. Aus dieser Schaltungsdefinition wird eine genormte oder eine proprietäre Datei (zum Beispiel JEDEC-Datei) erzeugt. Für diese Schritte benötigt man eine so genannte Entwurfs-Software. Beispiele für solche Software-Pakete werden im nächsten Abschnitt besprochen.
In einem zweiten Schritt müssen die in der Datei enthaltenen Informationen in das programmierbare Bauelement übertragen werden. Dazu benötigt man ein Programmiergerät, das ebenfalls von einer Software gesteuert wird. Viele moderne PLDs integrieren Ressourcen, die es ermöglichen, die Schaltungen direkt zu programmieren, was die Kosten senkt. In Abschnitt 8.5 wird noch näher auf die Aspekte der eigentlichen Programmierung eingegangen.

8.2 Klassische Entwurfs-Software

Es sind heute einige sehr leistungsfähige Software-Pakete für den rechnerunterstützten Schaltungsentwurf auf dem Markt. Anbieter sind Chip-Hersteller, die so den Verkauf ihrer Schaltungen unterstützen. Seit einiger Zeit haben Hersteller von EDA-Programmen die Wichtigkeit von PLD-PCB-Codesign (Entwicklung von Leiterplatten und PLD in einer Software) anerkannt und bieten auch PLD Entwicklungssoftware an.
So gibt es einige Programme, die von den Chip-Herstellern unabhängig sind und mit denen sich also Bausteine der verschiedensten Hersteller entwickeln und manchmal programmieren lassen. Diese Programm-Pakete sind in der Regel nicht ganz billig, dafür nahezu universell und leistungsfähig. Hier eine Aufzählung, die natürlich nie vollständig und aktuell sein kann:

- **ABEL™** (Advanced Boolean Equation Language)
  ABEL gehört mittlerweile bereits zu den Klassikern in diesem Bereich. Seine Syntax wurde wegweisend für die meisten anderen Programm-Pakete. Es handelt sich um ein Produkt der DATA I/O Corporation, einem bedeutenden Hersteller von universellen Programmiergeräten (http://www.data-io.com). Der Softwarebereich wurde später in Synario, eine Tochtergesellschaft, ausgelagert. Sowohl ABEL als auch SYNARIO Design Automation Softwarepakete sind nun im Besitz von Xilinx, einem PLD-Hersteller; die aktuellsten Versionen unterstützen neben ABEL auch VHDL.

- **OrCAD**
  OrCAD ist bekannt geworden durch sein Programm zur grafischen Schemaerfassung. Zu diesem Programmpaket gehört auch ein PLD-Compiler (OrCAD Express), der ebenfalls mit VHDL arbeitet. Hersteller ist OrCAD, Hillsboro USA (http://www.orcad.com).

- **CUPL™**
  Auch CUPL gehört bereits zu den Oldtimern auf diesem Markt. Aufbau und Leistungsumfang sind ähnlich wie in ABEL. Die Syntax lehnt sich stark an die Sprache C an. CUPL wurde von die Firma Logical Devices hergestellt, aber die Rechte sind jetzt bei der Firma Altium (www.altium.com), die auch Besitzerin von Protel (EDA-Programm) ist.

Diese Aufzählung erhebt keinerlei Anspruch auf Vollständigkeit; für aktuelle Informationen sollte man die Webseiten der betreffenden Firmen konsultieren. Bei einigen Anbietern können über das Internet auch Evaluations-Versionen heruntergeladen werden.

Programm-Pakete von Chip-Herstellern sind in der Regel sehr preisgünstig (und manchmal kostenlos), aber durchaus nicht immer von vergleichbarer Leistungsfähigkeit. Sie unterstützen nur die programmierbaren Bausteine des betreffenden Herstellers und gewisse Einschränkungen sind in den kostengünstigsten Versionen zu spüren. In vielen Fällen kann man aber mit dieser Einschränkung durchaus leben.

Der Trend geht ganz klar in Richtung VHDL, einer Hardware-Beschreibungssprache, die im Folgenden besprochen wird.

8.3 VHDL

Neben den erwähnten speziell auf die Bedürfnisse des Entwurfs von PLDs und CPLDs zugeschnittenen Entwicklungssystemen haben sich noch weitere so genannte Hardware-Beschreibungssprachen etabliert. Zum einen ist hier Verilog zu nennen, zum andern VHDL[11].
SystemVerilog ist eine HDVL-Sprache (Hardware Description and Verification Language). Sie dient dazu, Hardware zu beschreiben und zu verifizieren. SystemVerilog ist eine Weiterentwicklung von Verilog. Der Ursprung von Verilog geht auf das Jahr 1983 zurück, als die Firma Gateway Design Automation eine Simulationssprache entwickelte. Die Firma wurde 1990 von Cadence gekauft, später wurde Verilog an IEEE übergeben. Seit 1995 ist Verilog ein IEEE-Standard (1364) und wird seitdem als Standard weiterentwickelt. Verilog ist in Amerika verbreitet.
VHDL ist eine sehr allgemeine Sprache zur Beschreibung und Definition von elektronischen Schaltungen. Sie wurde 1987 vom IEEE[12] genormt, diese Norm wurde auch als ANSI[13]-Norm übernommen und 1994 sowie 1996[14] überarbeitet. Die Sprache wird ständig weiterentwickelt.
Das amerikanische Verteidigungsministerium verlangt von allen Zulieferbetrieben für Elektronik-Baugruppen die Mitlieferung von VHDL-Modellen. Die heutige Weiterentwicklung von VHDL ist nicht mehr auf die USA beschränkt; auch Europa und Japan tragen dazu bei. Man nimmt heute an, dass in naher Zukunft über 70% aller Elektronik-Designs mit Hilfe von VHDL beschrieben bzw. definiert werden.

---

[11] VHDL = **V**HSIC **H**ardware **D**escription **L**anguage (VHSIC = **V**ery **H**igh **S**peed **I**ntegrated **C**ircuit).

[12] IEEE = Institute of Electrical and Electronics Engineers (amerikanisches Gegenstück zum SEV oder zum VDE).

[13] ANSI = American National Standardization Institute.

[14] Die aktuell gültige Norm ist IEEE 1076.3. In ihr sind die Sprachelemente von VHDL verbindlich festgehalten.

Die Sprache lehnt sich im Aufbau und Syntax an die Programmiersprache ADA an; viele Syntaxelemente erinnern auch an die hier wohl besser bekannte Sprache Pascal. VHDL ist deshalb nicht allzu schwierig zu erlernen, wenn auch gewisse Umstellungen notwendig sind.

Wie bereits erwähnt, ist VHDL eine äusserst mächtige und vielseitige Sprache. In diesem Buch werden aber nur die Sprachelemente behandelt (Kapitel 10), die für den Entwurf von einfachen Systemen nötig sind, z.B. kombinatorische Systeme und kleine Automaten). In diesem Sinne handelt es sich nicht um eine umfassende Einführung in VHDL. Obwohl in dieser Einführung der von der Firma CYPRESS gelieferte Compiler WARP für die meisten Beispiele verwendet wird, können die Beispiele ohne viele Änderungen auch bei anderen Werkzeugen gebraucht werden. Dieser Compiler ist sehr preisgünstig, erlaubt aber nur die Synthese für Cypress-Bausteine. Es gibt zur Zeit andere kostengünstige oder kostenlose Entwicklungswerkzeuge, die auch benutzt werden können, um VHDL-Programme zu schreiben, zu kompilieren, zu simulieren oder sogar zu synthetisieren. Eine kleine und unvollständige Liste ist in der Tabelle unten zu finden.

ModelSim	Mentor Graphics	www.model.com	Tools
Warp	Cypress	www.cypress.com	Chip Hersteller
Libero	Actel	www.actel.com	Chip Hersteller
Quartus	Altera	www.altera.com	Chip Hersteller
ISE	Xilinx	www.xilinx.com	Chip Hersteller
Active HDL	Aldec	www.aldec.com	Tools
simili	Symphony EDA	www.symphonyeda.com	Tools

Einige Ressourcen über VHDL, die im Internet zu finden sind:

Viele Information über VHDL von der Universität Hamburg.
http://tech-www.informatik.uni-hamburg.de/vhdl/vhdl.html

Gratis VHDL-Bücher
http://www.esperan.com/pdf/vhdl-cookbook.pdf   (English)
http://www.itiv.uni-karlsruhe.de/opencms/opencms/de/study/lectures/liv1/vhdl_download.html (Deutsch)

VHDL Keywords (English)
http://www.amontec.com/fix/vhdl_memo/index.html

8.4 Schaltungsentwicklung mit VHDL

Zwischen Idee und Schaltung sind mehrere Schritte notwendig. Die vorgesehene Lösung eines gegebenen Problems soll erfasst und am Schluss in einer Schaltung programmiert werden. Mehrere Schritte sind nötig. Sie sind unten kurz beschrieben.

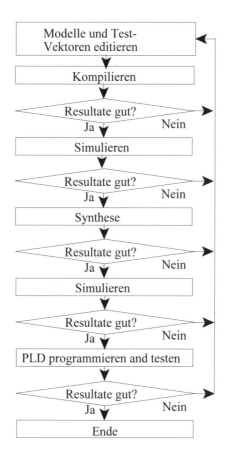

Abb. 133: Beispiel von Entwicklungsschritten (Design Flow)

8.4.1 Editieren (Design Entry)

Hier wird die vorgesehene Lösung beschrieben. Sie kann als Programm geschrieben oder als Schema gezeichnet werden. Für ein VHDL-Programm genügt meistens ein Text- Editor. Falls möglich, sollen auch Testvektoren kodiert werden, um den Entwurf und verschiedene Schritte der Entwicklung zu überprüfen.

8.4.2 Kompilieren

Die in VHDL geschriebenen Module werden auf Fehler analysiert und kompiliert. Das Resultat ist ein Modell, welches den Entwurf beschreibt und simuliert werden kann.

8.4.3 Simulieren

Testvektoren (Simuli) werden gebraucht, um das Modell zu prüfen. Resultate können graphisch dargestellt oder in eine Datei geschrieben werden. Das Ziel ist, Vertrauen in die Lösung zu gewinnen (mögliche Probleme früh genug zu erkennen und zu korrigieren), bevor das PLD programmiert wird.

8.4.4 Synthese

Der kompilierte Entwurf wird in eine Netlist (Beschreibung von Verbindungen zwischen Grundelementen) umgewandelt. Diese entspricht den Ressourcen der Zielschaltung (Typ von GAL, CPLD, FPGA). Falls es nicht genügend Ressourcen gibt, wird eine Fehlermeldung ausgegeben. Wichtige Parameter sind dabei die eingesetzte Synthese-Software sowie die Ressourcen des PLD. Es gibt in VHDL viele Befehle, die nicht synthetisiert werden können. Deshalb ist es wichtig, beim Kodieren zu wissen, welche Teile später synthetisiert werden und welche nicht. Der Set von Befehlen, die synthetisiert werden können, ist auch vom Hersteller abhängig.

8.4.5 Programmieren

Der PLD wird programmiert und kann geprüft werden.

8.5 Programmierung von Schaltungen

8.5.1 Prinzip des Programmiervorgangs

Beim eigentlichen Programmiervorgang geht es darum, die Sicherungen gezielt zu löschen. Um das zu ermöglichen, kann zum Beispiel das GAL16V8 durch eine Spannung von 16.5 V an Pin 2 in einen Editiermodus gebracht werden (die normale Betriebsspannung beträgt 5 V). In diesem Modus haben auch die meisten übrigen Pins eine vom Normalfall abweichende Funktion, wie aus der folgenden Abbildung hervorgeht.

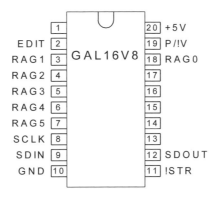

Abb. 134: Pinbelegung des GAL16V8 im Programmiermodus

Grob vereinfacht kann man sich vorstellen, die Sicherungen seien in einer 64 x 64 Matrix angeordnet. Beim Programmiervorgang wird an den Anschlüssen RAG0 ... RAG5 die Adresse der Matrixzeile angelegt. Zur Programmierung muss zusätzlich noch der Pin P/!V auf High (Programmieren) liegen. Intern ist ein 64-Bit-Schieberegister aktiv. SDIN ist der serielle Dateneingang, SCLK der Takteingang des Schieberegisters. In dieses Schieberegister werden nun die Bits der zu programmierenden Zeile eingelesen. Nach beendetem Einlesen wird durch einen Impuls an !STR die Matrixzeile programmiert. Nachdem in dieser Weise alle Zeilen der Matrix eingelesen und programmiert wurden, ist der Vorgang beendet.

Wird der Pin P/!V auf Low gelegt (Verifizieren), können in der gleichen Art und Weise die Matrixinformationen auch wieder ausgelesen werden. Mit RAG0 ... RAG5 wird wieder die auszulesende Zeile adressiert, ein kurzer Impuls an !STR überträgt die Informationen in das interne Schieberegister, von wo die Daten mit dem Schiebetakt SCLK seriell am Ausgang SDOUT ausgegeben werden.

Neben den gewöhnlichen Sicherungen existiert noch eine Sicherheits-Sicherung (security fuse). Wenn diese Sicherung gelöscht ist, kann die Logik-Matrix des GALs nicht mehr ausgelesen werden. Einzig die UES (user electronic signature) ist dann noch von aussen zugänglich. Damit kann ein einfacher Kopierschutz realisiert werden. Bei nicht gelöschter „security fuse" kann das ganze GAL mit Hilfe des Programmiergerätes ausgelesen und die Information wieder in einer JEDEC-Datei abgelegt werden. Diese JEDEC-Datei kann dann mit Hilfe von entsprechenden Hilfsprogrammen wieder in eine einigermassen verständliche Quell-Datei (logische Gleichungen) zurückverwandelt werden.

8.5.2 Programmiergeräte

Die Programmieralgorithmen sind in der Regel sowohl baustein- als auch herstellerspezifisch. Dies trifft besonders in den Fällen zu, in denen GAL-Hersteller von der gemeinsamen Norm abweichende, besonders schnelle Algorithmen spezifiziert haben. Für eine effiziente und korrekte Funktion muss das Programmiergerät all diese Architekturen und Algorithmen kennen.

Bei den professionellen Programmiergeräten gibt es grundsätzlich zwei verschiedene Typen. Bei dem einen Typ wird dem Programmiergerät nur die JEDEC-Datei übermittelt. Die Umsetzung in die Sicherungsmatrix und die Auswahl des Programmieralgorithmus geschehen im Programmiergerät. Dieses benötigt demzufolge eine sehr umfangreiche Datenbank, die üblicherweise in einem oder auch mehreren EPROMs gespeichert ist. Wenn neue Bausteine auf den Markt kommen, muss diese Datenbank durch Auswechseln der EPROMs wieder auf den neuesten Stand gebracht werden. Ein solcher Wechsel ist ziemlich umständlich (Gehäuse aufschrauben, alte EPROMs ausbauen, neue EPROMs einsetzen etc.) und nicht ganz unkritisch. Es besteht dabei immer wieder die Gefahr, dass die Sockel beschädigt werden oder dass das neue EPROM bei nicht sachgemässer Behandlung durch elektrostatische Aufladung zerstört wird. Die laufend steigende Zahl von programmierbaren Bausteinen und Programmier-Algorithmen liess auch den Speicherbedarf enorm anwachsen. Die Zahl der Steckplätze für EPROMs ist aber begrenzt, sodass die Geräte dieses Typs nur beschränkt ausbaufähig sind. Der Vorteil der Autonomie (Unabhängigkeit von einem Rechner) wiegt diesen Nachteil und den relativ hohen Preis nicht auf.

Ein anderer Programmiergeräte-Typ enthält nur noch die benötigte Hardware, um jeden Pin für eine beliebige Zeit auf ein beliebiges Potential zu bringen (Pin Driver). Software ist in diesen Geräten nur noch soweit vorhanden, wie sie für die Kommunikation (meist über die parallele, seltener über die serielle Schnittstelle) mit dem Steuerrechner (PC) notwendig ist. Die gesamte Datenbank mit den Architekturen und den Algorithmen befindet sich dann auf der Festplatte des Rechners. Die Umsetzung der JEDEC-

Datei in die Programmierinformationen geschieht im Rechner. Änderungen oder Erweiterungen der Datenbank können leicht durch Versand von Disketten oder über Mailboxen bzw. über das Internet an die Benutzer weitergegeben werden. Durch die relativ einfache Hardware-Ausstattung sind die modernen Programmiergeräte dieses Typs ziemlich preisgünstig geworden; manche Hersteller versuchen aber, durch ziemlich hohe Preise für die Software-Updates ihre Gewinne zu stabilisieren.

8.5.3 In System Programming

Neuerdings kommen immer mehr Bausteine auf den Markt, die als ISP (In System Programmable) bzw. wieder aus Gründen des Markenschutzes als ISR (In System Reprogrammable) bezeichnet werden. Diese Schaltungen weisen eine Art serielle Schnittstelle auf, was eine Programmierung ohne eigentliches Programmiergerät ermöglicht. Die Informationen können direkt vom einem Mikrokontroller oder PC (serielle oder parallele Schnittstelle) an die PLDs übertragen werden; die zu programmierenden Bauteile können dabei bereits auf dem Print verlötet sein.

JTAG (Joint Test Action Group) wird in vielen Schaltungen für ISP angewendet. Es ist auch als Boundary Scan bekannt und wurde als IEEE 1149.1 standardisiert. JTAG wurde entwickelt, um Schaltungen auf einer Platine zu prüfen. Der JTAG-Port besteht aus 5 Steuerleitungen:

TDI Test Data Input
TDO Test Data Output
TMS Test Mode Select
TCK Test Clock
TRST Test Reset

9

Hasards

Bis jetzt basierten die meisten Untersuchungen auf rein logischem Verhalten. Laufzeiteffekte wurden ignoriert und die Wahrheitstabelle wurde für perfekt logisches Verhalten geschrieben.

In der Realität aber gibt es Verhalten, die Fehler im Schaltkreis verursachen können:
- Zwischenwerte werden je nach Entwurf vom Schaltkreis erzeugt, was unstabile Zustände verursachen kann.
- Eingänge ändern sich nicht immer gleichzeitig, was auch zu unstabilen Zustände führen kann.

Betrachten wir das folgende Vergleichsbeispiel.
Ein Prozess soll mittels eines Messgerätes überwacht und ein Alarm ausgelöst werden, falls der Messwert grösser als 35 ist. Das Messgerät ist so gebaut, dass die Zehnerziffer sich schneller ändert als die Ziffer, die den Einer darstellt.
Bei einer Änderung von 29 auf 30 wird die Anzeige für eine kurze Zeit den Wert 39 anzeigen, obwohl dieser Wert nicht gemessen wurde.   *29 => 39 => 30*
Der Zwischenwert 39 ist nicht erwünscht und würde Alarm auslösen. Es handelt sich um einen Hasard.

9.1 Definition

Hasards (engl. Hazards) sind ungewünschte Zwischenergebnisse, die an den Ausgängen von Digitalenetzen generiert werden können, wenn ein oder mehrere Eingänge verändert werden. Diese kurze unerwünschten Impulse (engl. Glitches, Spikes) haben meistens ihren Ursprung in den unterschiedlichen Laufzeiten von einzelnen digitalen Komponenten oder Netzpfaden. Sie können auch aus ungleichzeitigen Änderungen im Eingangssignal resultieren. Hasards können Fehler in den Schaltungen verursachen. Schaltungen sollen analysiert werden, um die Hasardgefahren und ihre möglichen Konsequenzen zu bestimmen. Falls nötig und möglich sollen Hasards vermieden werden.

9.2 Beispiele

Betrachten wir die folgenden Realisierungen. Um die Erklärungen zu vereinfachen nehmen wir an, dass alle Glieder die gleiche Laufzeit haben (100 ns).

9.2.1 Einfache Hasards der Konjunktiv-Form

Y = A & !A

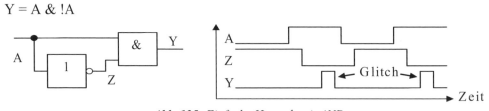

Abb. 135: Einfache Hasards mit AND

Eingang A wechselt von 0 auf 1. Wegen der Verzögerung der NOT-Gatter wird nach 100 ns ein 100 ns-Impuls generiert. Rein logisch soll der Ausgang Y auf Logik 0 bleiben. Er wechselt doch kurz zu 1, dann zurück auf 0.

9.2.2 Einfache Hasards der Disjunktiv-Form

Y2 = A # !A

Wie oben wird ein 100 ns-Impuls am Ausgang Y als Folge der Verzögerung des NOT-Gatter generiert. Der Ausgang Y, der auf Logik 1 bleiben soll, wechselt kurz auf 0 und wird wieder 1.

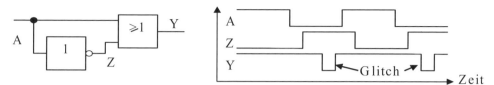

Abb. 136: Einfache Hasards mit OR-Gatter

9.2.3 Beispiel mit 3 Eingängen

Y = A & B # !B & C

Bei einer Änderung von Eingängen (A,B,C) von (1,1,1) auf (1,0,1) erwartet man, dass Y auf Logik 1 bleibt. Dies ist aber nicht der Fall. Wegen des NOT-Gliedes wird das Signal B verzögert (Ausgang !B). Als Konsequenz wird der Ausgang Y kurz auf Logik 0 gehen und dann wieder auf Logik 1. Auf Y wird Folgendes gesehen: *1 => 0 => 1*
Die Änderung des Eingangsvektors von (1,1,1) auf (1,0,1) generiert einen Hasard.

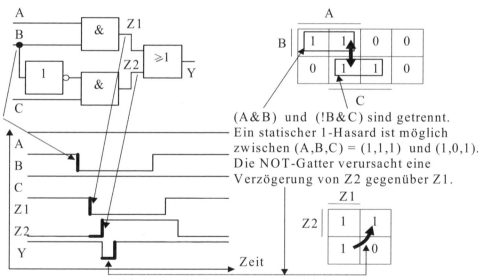

Abb. 137: Beispiel mit 3 Eingängen (disjunktiv Form)

9.2.4 Beispiel mit 4 Eingängen

Y = (A # C) & (!B # !C) & !D

Eine Analyse (wie für andere Beispiele) zeigt, dass bei einer Änderung der Eingänge (A,B,C,D) von (0,1,0,0) auf (0,1,1,0) Ausgang Y auf Logik 0 bleiben soll.
Auf Y wird aber Folgendes gesehen: *0 => 1 => 0.*
Somit entsteht ein Hasard.

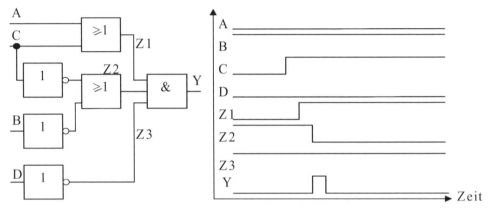

Abb. 138: Beispiel mit 4 Eingängen (konjunktiv Form)

9.3 Klassifizierung

Hasards können aufgrund von Änderungen in nur einer Eingangsvariablen oder aufgrund von gleichzeitigen Änderungen in mehreren Variablen entstehen. Sie werden oft nach ihrem Ursprung (Funktionshasards oder Logikhasards) und ihrem Verhalten (statisch oder dynamisch) klassifiziert.

9.3.1 Statische Hasards (Ausgang soll statisch bleiben)

Man spricht von statischem Hasard, wenn bei einem Wechsel des Eingangsvektors, der keine Änderung verursachen soll, der Ausgang kurz einen (oder mehrere) unerwünschte Werte annimmt und erst dann zum richtigen Wert zurückkehrt.

- Ein **statischer 1 Hasard** erscheint, wenn der Ausgang, der auf Logik 1 bleiben soll, sich zuerst nach einem Wechsel im Eingangsvektor ändert, bevor er zu einer stabilen Logik 1 zurückkehrt.

- Ein **statischer 0 Hasard** erscheint, wenn der Ausgang der auf Logik 0 bleiben soll, sich zuerst nach einem Wechsel im Eingangsvektor ändert, bevor er zu einer stabilen Logik 0 zurückkehrt.

9.3.2 Dynamische Hasards

Hier soll eine Änderung im Eingangsvektor nur einen Wechsel am Ausgang verursachen (0 => 1 oder 1 => 0).
Man redet von dynamischem Hasard, wenn bei einem Wechsel des Eingangsvektors, der Ausgang, der nur einmal wechseln soll, sich mehrmals ändert, bevor ein stabiler Zustand erreicht wird.

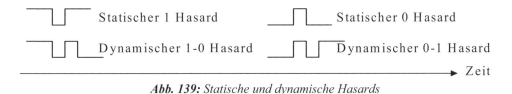

Abb. 139: Statische und dynamische Hasards

- Ein **dynamischer 0-1 Hasard** erscheint, wenn ein Ausgang, der von einer stabilen Logik 0 zu einer stabilen Logik 1 wechseln soll, sich zuerst mehrmals ändert, bevor er einen stabilen Logik 1 Zustand erreicht.

- Ein **dynamischer 1-0 Hasard** erscheint, wenn ein Ausgang, der von einer stabilen Logik 1 zu einer stabilen Logik 0 wechseln soll, sich zuerst mehrmals ändert, bevor er einen stabilen Logik 0 Zustand erreicht.

9.3.3 Logikhasards

Man redet von Logikhasards, wenn die ungewünschten Impulse ihren Ursprung in der Schaltungsrealisierung (Gatterverzögerungen, Verbindungsverzögerungen) haben. Solche Hasards sind von der Schaltungsstruktur und von Gatterverzögerungen abhängig. Eine Änderung in der Realisierung kann wohl das Hasardverhalten ändern.

Alle Beispiele, die bis jetzt behandelt wurden sind Logikhasards.

9.3.4 Funktionshasards

Funktionshasards sind Hasards, die ihre Ursache in den unterschiedlichen Signallaufzeiten von Eingangssignalen haben. Sie sind von der booleschen Funktion, die zu implementieren ist, abhängig, aber nicht unbedingt von deren Realisierung. Mindestens zwei Eingangsvariablen müssen ungleichzeitig gewechselt werden.

- Bei dem ungleichzeitigen Wechsel von zwei Eingangssignalen kann es zu statischen Hasards kommen.

- Wenn mehr als drei Eingangssignale zu verschiedenen Zeitpunkten wechseln, kann es zu dynamischen Hasards kommen.

Beispiel: Statischer Funktionshasard
Y= !A&!B # A&B

Bei einer Änderung von (A,B) von (0,0) auf (1,1) soll Y auf Logik 1 bleiben.

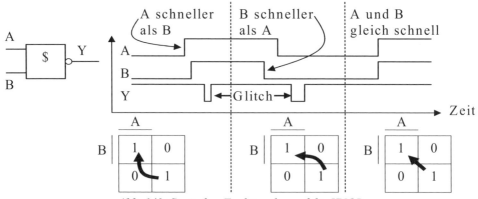

Abb. 140: *Statischer Funktionshasard für XNOR*

Wenn A und B sich gleichzeitig ändern, bleibt Y auf 1.
Wenn A sich kurz vor B ändert (oder umgekehrt), dann wird Y kurz auf Logik 0 wechseln. Die Pfeile in den Wahrheitstabellen zeigen, wie die Funktion Y von der Änderungsreihenfolge abhängt.

Beispiel: Dynamischer Funktionshasard. Y = A&B # !B&C
Der Eingangsvektor (A,B,C) ändert sich von (0,0,0) zu (1,1,1). C ändert sich schneller, dann B, dann A.

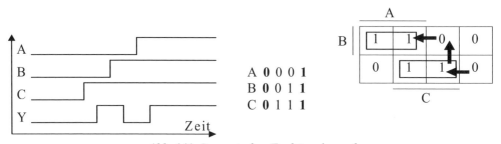

Abb. 141: *Dynamischer Funktionshasard*

9.4 Konsequenzen und Vermeidung von Hasards

Hasards können verschiedene Konsequenzen haben:

- Mehr Energieverbrauch
  Die Energieverbrauch kann erhöht werden, wenn viele Hasards in einer Schaltung zu finden sind.

- Funktionsfehler
  Wenn Hasards im Pfad von Taktsignalen, Presetsignalen oder Clearsignalen von Speicherelementen zu finden sind, können sie verursachen, dass Flip-Flops zum falschen Zeitpunkt getriggert, gesetzt oder zurückgesetzt werden. In asynchronen Systemen mit Rückkupplung können Fehler auftauchen.

Manchmal ist es nötig, Hasards zu vermeiden. Ob es möglich ist oder nicht, ist von der Ursache abhängig. Vermeidung von Hasards kann teuer werden und die Schaltungsgeschwindigkeit negativ beeinflussen.

9.4.1 Vermeidung von Logikhasards

Logikhasards können auf verschiedene Weise vermieden werden. Weil Logikhasards stark von der Realisierung der Schaltung abhängig sind, soll man ihre Vermeidung von vornherein berücksichtigen.

- Extra-Gatter können benutzt werden, um die Laufzeiten auszugleichen.

- Flip-Flops können an den Ausgängen der Schaltung angesetzt und zum richtigen Zeitpunkt getaktet werden, um Hasards abzufangen.

- Redundante Primterme können eingesetzt werden.

9.4.2 Vermeidung von Funktionshasards

Funktionshasards sind nicht einfach zu vermeiden. Die folgenden Methoden können angewendet werden.

- Man kann in den Pfaden von Signalen, die sich schneller ändern, Extraverzögerungen einbauen.

- Sequentielle Schaltungen (Flip-Flops) können angesetzt werden, um die Zeitwechselunterschiede auszugleichen. Die Signale werden am Ausgang vom Flip-Flop erst ausgegeben, wenn sie stabil sind.

- Benutzung von Signalen, die in Gray Code kodiert sind, kann auch Abhilfe schaffen, da der Wechsel von einer Variablen keinen Funktionshasard verursacht.

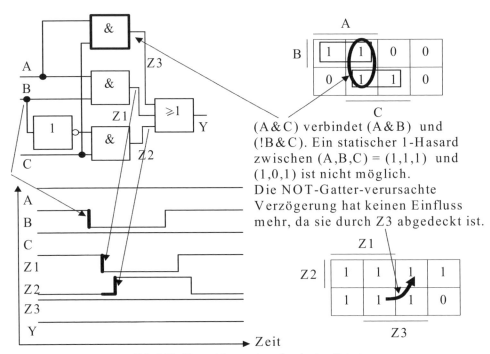

(A&C) verbindet (A&B) und (!B&C). Ein statischer 1-Hasard zwischen (A,B,C) = (1,1,1) und (1,0,1) ist nicht möglich. Die NOT-Gatter-verursachte Verzögerung hat keinen Einfluss mehr, da sie durch Z3 abgedeckt ist.

Abb. 142: Vermeidung mit redundanten Primterm

Y = A & !B # B & C & D # B & !C & !D
↔ Mögliche statische 1-Hasards

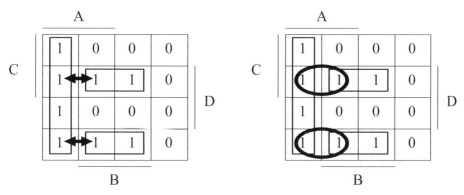

○ Vermeidung
Y = A & !B # B & C & D # B & !C & !D # **A & C & D # A & !C & !D**

Abb. 143: Funktion mit 2 Hasards: Vermeidung mit Primtermen

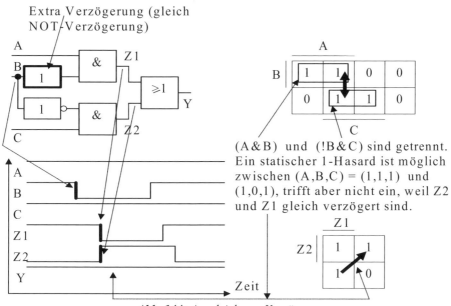

(A & B) und (!B & C) sind getrennt. Ein statischer 1-Hasard ist möglich zwischen (A,B,C) = (1,1,1) und (1,0,1), trifft aber nicht ein, weil Z2 und Z1 gleich verzögert sind.

Abb. 144: Ausgleich von Verzögerungen

9.5 Übungen

Die folgenden Funktionen sollen so realisiert werden, dass kein logischer 0-Hasard oder 1-Hasard entsteht.

9.1
Y=A&C # !A&B
Z=B&!C # !A&C

9.2
Y=B&C # !A&!C&D

Z=B&C # !A&!C&D # A&!B&D

10

Einführung in VHDL

10.1 Aufbau einer VHDL-Schaltungsbeschreibung

Die Beschreibung eines VHDL-Modells besteht aus zwei Teilen: einer Schnittstellenbeschreibung und einer Funktionsbeschreibung.

10.1.1 Schnittstellenbeschreibung (Entity)

Für die Entity[15] wird das zu beschreibende System als „Black Box" betrachtet. In der Schnittstellenbeschreibung werden nur die nach aussen führenden Signale mit ihren Bezeichnungen, Modi und Typen aufgeführt. Hier ein erstes Beispiel:

```
ENTITY jkff IS PORT (
    clk, j, k:      IN       BIT;
    qd, qn:         BUFFER   BIT );
END jkff;
```

---

[15] Entity, dt. Entität: das Seiende, das Dasein im Unterschied zum Wesen eines Dings (Duden).

10.1.2 Die Funktionsbeschreibung (Architecture)

Die Architecture enthält alle Anweisungen, die das Verhalten des zu modellierenden Systems beschreiben. Auch hier soll ein Beispiel einen ersten Eindruck vermitteln:

```
ARCHITECTURE archjkff OF jkff IS
BEGIN
ff: PROCESS (clk)
   BEGIN
     IF (clk'event and clk='1') THEN
       IF qd='0' THEN
         IF j='1' THEN qd <= '1';
         ELSE          qd <= '0';
         END if;
       ELSE
         IF k='1' THEN qd <= '0';
         ELSE          qd <= '1';
         END IF;
       END IF;
     END IF;
END PROCESS;
qn <= NOT qd;
END archjkff;
```

Auf die Bedeutung der einzelnen Anweisungen und auf den genauen Aufbau der Blöcke wird erst nach einem Überblick über die Sprachelemente genauer eingegangen.

10.2   Grundelemente von VHDL

10.2.1   Bezeichner (Identifier)

Ein gültiger Bezeichner in VHDL darf Gross- und Kleinbuchstaben (A ... Z, a ... z), Ziffern (0 ... 9) und den Unterstrich (_) enthalten. Er muss zwingend mit einem Buchstaben beginnen. Andere Zeichen sind nicht zulässig. Der Unterstrich darf nicht am Ende eines Bezeichners stehen; ebensowenig sind zwei aufeinander folgende Unterstriche erlaubt. In VHDL wird generell nicht zwischen Gross- und Kleinschreibung unterschieden; die Bezeichner SignalA, signala und SIGNALA bezeichnen alle dasselbe Signal.

In VHDL existieren einige Schlüsselwörter, die – wie in anderen Programmiersprachen – nicht als Bezeichner verwendet werden dürfen (siehe Handbücher der VHDL-Compiler).

10.2.2 Kommentare

Kommentare beginnen mit zwei aufeinander folgenden Bindestrichen ("--") und umfassen den gesamten Rest der betreffenden Zeile. Kommentare können an jeder Stelle eines VHDL-Programmes auftreten.

Beispiele:

```
-- Das ist eine eigene Kommentarzeile
-- auch eine zweite Zeile muss mit "--" eingeleitet werden
ENTITY nand4 IS (   -- Kommentar bis zum Zeilenende
```

10.2.3 Daten-Objekte

Daten-Objekte gehören in VHDL zu einer von drei möglichen Objekt-Klassen: Konstanten, Variablen und Signale. Wie bei modernen Sprachen üblich, müssen Daten-Objekte auch in VHDL vor ihrer Verwendung deklariert werden. Das geschieht mit folgender Syntax:

```
CONSTANT identifier [, identifier ...]: TYPE := value;

VARIABLE identifier [, identifier ...]: TYPE [:= value];

SIGNAL identifier [, identifier ...]: TYPE [:= value];
```

In eckige Klammern ([ ]) gesetzte Ausdrücke sind bei der Eingabe nicht zwingend erforderlich, können aber auftreten.

Die Bedeutung von Konstanten, denen übrigens bei der Deklaration ein Wert zugewiesen werden muss, ist gleich der in anderen Programmiersprachen.

Die wichtigste Objektklasse sind sicher die Signale, die auch eine Hardware-Entsprechung haben (Leitungen, Speicherbausteine). Die Variablen haben in VHDL eher die Bedeutung von Hilfsgrössen, aber sonst dieselben Eigenschaften wie Signale.

Beispiele von Deklarationen:

```
CONSTANT bus_width: INTEGER := 8;
VARIABLE ctrl_bits: BIT_VECTOR (7 DOWNTO 0);
SIGNAL sig1, sig2, sig3: BIT;
```

10.2.4 Daten-Typen

Der WARP-Compiler unterstützt unter anderem die folgenden vordefinierten VHDL-Datentypen:

> integer   boolean
> bit   bit_vector

Für den Entwurf von Logikschaltungen haben die Datentypen "integer" und "boolean" eine eher untergeordnete Bedeutung.

bit Datenobjekte dieses Typs können nur die Werte '0' oder '1' annehmen. Eine Wertzuweisung könnte beispielsweise so aussehen:

```
sig1 <= '1';
```

Man beachte, dass der einem Objekt des Typs "bit" zugewiesene Wert in einfachen Anführungszeichen stehen muss!

bit_vector Ein "bit_vector" ist ein "array of bit" in aufsteigender oder absteigender Reihenfolge. Dieser Datentyp ist besonders bequem, um Bus-Signale zu beschreiben. Noch einige Beispiele zur Deklaration:

```
SIGNAL a, b: BIT_VECTOR (0 TO 7);
SIGNAL c, d: BIT_VECTOR (7 DOWNTO 0);
SIGNAL e:    BIT_VECTOR (0 TO 5);
```

Den eben deklarierten Signalen sollen nun Werte zugewiesen werden:

```
a <= "00110101";
c <= "00110101";
b <= x"7A";
d <= x"7A";
e <= o"25";
```

Es wurden zwar hier den Signalen a und c die gleichen Werte zugewiesen (bei "bit_vector" müssen die zugewiesenen Werte in doppelten Anführungsstrichen (" ") stehen), aber wegen der abweichenden Reihenfolge der Indizierung enthalten die einzelnen Array-Elemente unterschiedliche Werte:

a(7) = '1'	c(7) = '0'
a(6) = '0'	c(6) = '0'
a(5) = '1'	c(5) = '1'
a(4) = '0'	c(4) = '1'
a(3) = '1'	c(3) = '0'
a(2) = '1'	c(2) = '1'
a(1) = '0'	c(1) = '0'
a(0) = '0'	c(0) = '1'

Ein Präfix "X" oder "x" bedeutet, dass der Wert in hexadezimaler Form angegeben wird; "O" oder "o" bedeutet eine Angabe in oktaler Form. "B" oder "b" stehen schliesslich für binäre Darstellung, was auch automatisch angenommen wird, wenn kein Präfix verwendet wird. Die oktale bzw. die hexadezimale Form der Wertzuweisung ist nur anwendbar, wenn der "bit_vector" eine passende Länge aufweist (Vielfaches von 3 bzw. von 4).

Neben den hier beschriebenen vordefinierten Datentypen existieren noch die selbstdefinierten Typen, unter denen der *Aufzählungstyp* eine besondere Bedeutung hat. Seine Deklaration lautet:

```
TYPE name IS ( value [, value ...]);
```

Ein Beispiel:

```
TYPE states IS (state0, state1, state2, state3);
```

Es ist hier nicht notwendig, den Bezeichnern state0 etc. einen weiteren Typ zuzuweisen; eine Zuweisung erfolgt automatisch durch den Compiler.

10.2.5 Operatoren

Logische Operatoren

and   or   nand   nor   xor   not

Innerhalb der logischen Operatoren existiert keine Hierarchie; die Reihenfolge, in der die Operationen durchgeführt werden sollen, muss durch Klammern festgelegt werden.

Beispiel: `a <= (b and c) or d`

Relationale Operatoren

=	gleich	/=	ungleich
<	kleiner	<=	kleiner gleich
>	grösser	>=	grösser gleich

Addier-Operatoren

+ und - haben die gleiche Bedeutung wie in anderen Programmiersprachen, also Addition bzw. Subtraktion von Zahlen.

& ist der Verknüpfungsoperator. Die Hauptanwendung ist die Verknüpfung von String-Konstanten. Dazu ein Beispiel:

```
VARIABLE c: STRING;
C:="0011001010" -- wird vor allem dann verwendet,
    & "11111"   -- wenn ein String zu lang für eine
    & "010101"; -- Zeile ist
```

Zuweisungs-Operatoren

:=   Zuweisung für Variablen: `v := 5;`

<=   Zuweisung für Signale: `s <= (a AND b) XOR (c OR d);`

In VHDL werden für Signale und Variablen unterschiedliche Zuweisungsoperatoren verwendet.

Assoziations-Operator

Der Assoziations-Operator "=>" stellt einen Zusammenhang zwischen verschiedenen Objekten her. Seine Anwendung kann fast nicht allgemein beschrieben werden, hingegen wird sie durch Beispiele klarer.

Entity

Der Entity-Block beschreibt die äusseren Schnittstellen eines Schaltungsblockes. Ein Design kann mehrere Schaltungsblöcke aufweisen, die voneinander unabhängig sind. Die allgemeine Syntax für eine Entity-Deklaration ist:

```
ENTITY entity_name IS PORT (
  [SIGNAL] signal_name [, signal_name,...]: mode type
  [; SIGNAL][signal_name, ... ]: [mode type ]
  .
  .
  );
END entity_name;
```

mode   Modus des Signals. Es können die folgenden Modi verwendet werden:

        IN   für ein gewöhnliches Eingangssignal
        OUT   für ein gewöhnliches Ausgangssignal
        INOUT   für ein bidirektionales Signal
        BUFFER für ein Ausgangssignal, das zusätzlich noch in die Logik zurückgeführt wird.

type   Alle definierten Datentypen können hier verwendet werden, soweit sie für Signale überhaupt in Frage kommen (bit, bit_vector).

Einige Beispiele von Entity-Deklarationen:

```
ENTITY impuls IS PORT (
  trig, clk: IN   BIT;
  laenge:    IN   BIT_VECTOR (0 TO 1);
  puls:      OUT  BIT);
END impuls;

ENTITY ampel IS PORT(
  clk,                    -- Taktsignal
  taste,                  -- Fussgängersignal
  rst:         IN BIT;    -- Reset-Signal
  auto_rot,
  auto_gelb,
  auto_gruen,
  fuss_rot,
  fuss_gelb,
  fuss_gruen: OUT BIT);
END ampel;
```

Architecture

Die allgemeine Syntax des Architektur-Blockes, der das Verhalten der Schaltung beschreibt, ist die folgende:

```
ARCHITECTURE a_name OF entity_name IS
 [type declarations]
 [signal declarations]
 [constant declarations]
BEGIN
 [architecture definition]
END a_name;
```

VHDL unterscheidet zwei grundsätzliche Methoden der Schaltungsbeschreibung: die **Verhaltensbeschreibung** (Behavioral Description) und die **Strukturbeschreibung** (Structural Description). Bei der Verhaltensbeschreibung wird das Verhalten der Schaltung durch Boolesche Gleichungen oder durch Prozesse (z.B. für Zustands-Maschinen) beschrieben. Die Strukturbeschreibung geht davon aus, jedes System durch Zusammenschalten von bereits definierten Blöcken (Komponenten) zu realisieren. Im Folgenden soll nur noch auf die Verhaltensbeschreibung eingegangen werden.

Bei der Verhaltensbeschreibung unterscheidet man zwischen „gleichzeitigen" Anweisungen (concurrent statements, nebenläufige Anweisungen) und sequentiellen Anweisungen innerhalb von Prozessen. Beide Anweisungstypen können innerhalb der gleichen Architekturdefinition gemischt vorkommen.

Concurrent Statements

Concurrent-Anweisungen existieren ausserhalb von Prozessen und können fast beliebige Arten von Ausdrücken enthalten. Sie heissen „gleichzeitig", weil sie alle zum gleichen Zeitpunkt ausgewertet werden; die Reihenfolge, in der die Anweisungen geschrieben werden, spielt also keine Rolle.

Beispiele:

```
u <= a;
v <= u;
w <= a XOR b;
x <= (a AND s) OR (b AND NOT(s));
y <= '1' WHEN (a='0' AND b='1') ELSE '0';
z <= a WHEN (count="0010") ELSE b;
```

Die Signale a, u und v haben alle den gleichen Wert, nämlich den von a. Dies wäre auch so, wenn die Reihenfolge der ersten beiden Zeilen umgestellt würde. Hier besteht die Möglichkeit, Denkfehler einzubauen, weil man von anderen Programmiersprachen her nicht an „gleichzeitige" Anweisungen gewöhnt ist, sondern gedanklich alles sequentiell abarbeitet.

Prozesse

Ein Prozess enthält eine Reihe von Anweisungen, die in vertrauter Manier nacheinander, also sequentiell, ausgewertet werden. Die Reihenfolge der Anweisungen ist hier sehr wichtig. Für die gesamte Definition des Schaltungsverhaltens ist ein Prozess als Ganzes nur eine nebenläufige Anweisung, da die Werte erst nach Beendigung des Prozesses weiterverarbeitet werden. Auch hier ein Beispiel:

```
proc1: PROCESS (x)
BEGIN
  a <= '0';
  IF x = "1011" THEN
    a <= '1';
  END IF;
END PROCESS proc1;
```

Der Parameter (x) hinter dem Schlüsselwort PROCESS ist eine so genannte *Sensitivity List*. Das bedeutet, dass der Prozess nur ausgeführt wird, wenn sich der Wert x ändert. Falls diese Sensitivity List weggelassen wird, wird der Prozess immer ausgeführt, wenn sich irgendein Signal ändert. Diese Liste kann auch mehrere Parameter enthalten, wie das folgende Beispiel zeigt:

```
proc2: PROCESS (rst, clk)
BEGIN
   IF rst='1' THEN q <= '0';
   ELSIF (clk'event AND clk='1') THEN
     q <= d;
   END IF;
END PROCESS;
```

Bei diesem Beispiel ist zu beachten, dass die Zuweisung q <= '0' nur erfolgt, wenn rst='1' ist. Es gelten also genau die Regeln, die von den üblichen Programmiersprachen her bekannt sind. Der Ausdruck hinter "ELSIF" (Aufpassen auf Schreibweise!) ist nur dann wahr, wenn eine ansteigende Taktflanke aufgetreten ist. Der obige Prozess beschreibt übrigens das Verhalten eines positiv flankengetriggerten D-Flip-Flops mit einem asynchronen Reset-Eingang.

10.2.6 Weitere Sprachkonstrukte

Am Beispiel eines 4x4 Multiplexers sollen hier einige Möglichkeiten gezeigt werden, wie man ein und dasselbe Verhalten auf ganz verschiedene Arten beschreiben kann. Details zur Syntax müssen im jeweiligen Compiler-Handbuch nachgeschlagen werden. Im ersten Beispiel soll der Multiplexer mit logischen Gleichungen beschrieben werden:

```
-- 4x4 Multiplexer mit logischen Gleichungen
-- (concurrent statements)
ENTITY mux IS PORT(
  a,b,c,d: IN   BIT_VECTOR(3 DOWNTO 0);
  s:       IN   BIT_VECTOR(1 DOWNTO 0);
  x:       OUT BIT_VECTOR(3 DOWNTO 0));
END mux;

ARCHITECTURE archmux OF mux IS
BEGIN
  x(3) <=    (a(3) AND NOT(s(1)) AND NOT(s(0)))
          OR (b(3) AND NOT(s(1)) AND s(0))
          OR (c(3) AND s(1) AND NOT(s(0)))
          OR (d(3) AND s(1) AND s(0));
  x(2) <= ...
          ...
END archmux;
```

Unter Verwendung von "WHEN ... ELSE"-Anweisungen resultiert:

```
-- 4x4 Multiplexer mit "when ... else" Anweisung
-- (concurrent statements)
ENTITY mux IS PORT(
  a,b,c,d: IN   BIT_VECTOR(3 DOWNTO 0);
  s:       IN   BIT_VECTOR(1 DOWNTO 0);
  x:       OUT BIT_VECTOR(3 DOWNTO 0));
END mux;

ARCHITECTURE archmux OF mux IS
BEGIN
  x <= a WHEN (s="00") ELSE
       b WHEN (s="01") ELSE
       c WHEN (s="10") ELSE
       d;
END archmux;
```

Der gleiche Multiplexer mit der "WITH ... SELECT"-Anweisung beschrieben:

```
-- 4x4 Multiplexer mit "with .. select" Anweisung
-- (concurrent statements)
ENTITY mux IS PORT(
  a,b,c,d:  IN   BIT_VECTOR(3 DOWNTO 0);
  s:        IN   BIT_VECTOR(1 DOWNTO 0);
  x:        OUT  BIT_VECTOR(3 DOWNTO 0));
END mux;

ARCHITECTURE archmux OF mux IS
BEGIN
WITH s SELECT
  x <= a WHEN "00";
       b WHEN "01";
       c WHEN "10";
       d WHEN OTHERS;
END archmux;
```

Schliesslich kann eine kombinatorische Logik auch mit Hilfe von Prozessen beschrieben werden; auch dabei haben wir die Wahl zwischen verschiedenen Anweisungen. Zunächst die Variante mit der "IF ... ELSIF"-Anweisung:

```
-- 4x4 Multiplexer mit "process" und "if ... elsif"-Anweisung
ENTITY mux IS PORT(
  a,b,c,d:  IN   BIT_VECTOR(3 DOWNTO 0);
  s:        IN   BIT_VECTOR(1 DOWNTO 0);
  x:        OUT  BIT_VECTOR(3 DOWNTO 0));
END mux;

ARCHITECTURE archmux OF mux IS
BEGIN
mx4: PROCESS (a,b,c,d,s)
     BEGIN
        IF    s="00" THEN x <= a;
        ELSIF s="01" THEN x <= b;
        ELSIF s="10" THEN x <= c;
        ELSE               x <= d;
        END IF;
     END PROCESS mx4;
END archmux;
```

182   Einführung in VHDL

Eleganter geht es mit der "CASE"-Anweisung:

```
-- 4x4 Multiplexer mit "process" und "case"-Anweisung
ENTITY mux IS PORT(
  a,b,c,d:    IN   BIT_VECTOR(3 DOWNTO 0);
  s:          IN   BIT_VECTOR(1 DOWNTO 0);
  x:          OUT  BIT_VECTOR(3 DOWNTO 0));
END mux;

ARCHITECTURE archmux OF mux IS
BEGIN
  PROCESS (a,b,c,d,s)
    BEGIN
      CASE s IS
        WHEN "00"    => x <= a;
        WHEN "01"    => x <= b;
        WHEN "10"    => x <= c;
        WHEN OTHERS  => x <= d;
      END CASE;
  END PROCESS;
END archmux;
```

Da man solche Sprachen am leichtesten anhand von Beispielen erlernt, sollen nun einige vollständige Beispiele erarbeitet werden.

10.3 Entwurfsbeispiele

10.3.1 Decodierer für einen Hex-Tastaturblock

Die Hex-Tastatur des Indigel-Experimentiersystems[16] mit den Tasten 0 ... 9 und A ... F habe die 9 äusseren Anschlüsse a ... j. Die nachstehende Tabelle zeigt, welche Anschlüsse bei gedrückter Taste miteinander verbunden sind.

---

[16] Das Indigel-Experimentiersystem erlaubt kontaktsichere lötfreie Versuchsaufbauten und hat sich im Schuleinsatz seit Jahren bewährt. Bezugsquelle: Logotron AG, CH-8807 Freienbach.

	a	b	c	d	e	f	g	h	j
1	X				X				X
2		X			X				X
3			X		X				X
4	X					X			X
5		X				X			X
6			X			X			X
7	X						X		X
8		X					X		X
9			X				X		X
0	X							X	X
A		X						X	X
B			X					X	X
C				X				X	X
D				X			X		X
E				X		X			X
F				X	X				X

Abb. 145: Verbindungstabelle für den Tastaturblock

Als Beispiel betrachten wir die Taste 5: Falls sie gedrückt ist, sind die Anschlüsse b, f und j miteinander verbunden. Wenn wir also den Anschluss j an die Masse legen und die anderen Anschlüsse a ... h je über einen Pull-up-Widerstand mit der Betriebsspannung verbinden, so werden bei gedrückter Taste 5 die Anschlüsse b und f auf Low-Potential liegen, alle übrigen Anschlüsse hingegen auf High-Potential. Diese acht Signale a ... h wollen wir als Eingangssignale einer kombinatorischen Logik verwenden. Diese kombinatorische Logik soll am Ausgang den binären Wert der gedrückten Taste ausgeben und gleichzeitig noch ein Valid-Signal erzeugen, das nur dann wahr ist, wenn genau eine Taste gedrückt wurde. In allen anderen Fällen sollen alle Ausgangssignale auf Low-Potential liegen. Wir sehen, dass jeder Tastendruck genau eines der Signale a ... d und genau eines der Signale e ... h auf Low bringt.

Ein gültiger Tastendruck liegt also dann vor, wenn beide Bedingungen eingehalten werden. Das Schema unseres Systems sieht wie folgt aus:

184 Einführung in VHDL

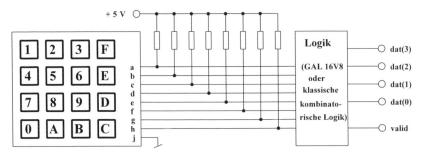

Abb. 146: Schema des Tastaturblocks mit Decodier-Logik

Hier nun das den obigen Vorgaben entsprechende VHDL-Listing:

```
-- INDIGEL.VHD Kn (TWI) 16.03.1996
-- Beschreibung eines Tastatur-Decoders für die HEX-Tastatur
-- der Indigel-Platte.
ENTITY indigel IS    PORT (
   tas1,tas2:     IN          BIT_VECTOR(0 TO 3);
   val1,val2:     INOUT       BIT;
   valid:         OUT         BIT;
   dat:           OUT         BIT_VECTOR(3 downto 0) );
-- Die folgenden Zeilen zeigen, wie den Anschlüssen
-- bestimmte Pins zugeordnet werden können:
   ATTRIBUTE PIN_NUMBERS OF indigel: ENTITY IS
      "tas1(0):2 tas1(1):3 tas1(2):4 tas1(3):5 "
   & "tas2(0):6 tas2(1):7 tas2(2):8 tas2(3):9 "
   & "dat(3):19 dat(2):18 dat(1):17 dat(0):16 "
   & "val1:12 val2:13 valid:14";
END indigel;

ARCHITECTURE archindigel OF indigel IS
-- Zur besseren Lesbarkeit des folgenden Codes werden
-- zunächst einige Konstanten definiert:
   CONSTANT a:BIT_VECTOR(0 TO 3):="0111";
   CONSTANT b:BIT_VECTOR(0 TO 3):="1011";
   CONSTANT c:BIT_VECTOR(0 TO 3):="1101";
   CONSTANT d:BIT_VECTOR(0 TO 3):="1110";
   CONSTANT data0:BIT_VECTOR(3 DOWNTO 0):="0000";
   CONSTANT data1:BIT_VECTOR(3 DOWNTO 0):="0001";
   CONSTANT data2:BIT_VECTOR(3 DOWNTO 0):="0010";
   CONSTANT data3:BIT_VECTOR(3 DOWNTO 0):="0011";
   CONSTANT data4:BIT_VECTOR(3 DOWNTO 0):="0100";
   CONSTANT data5:BIT_VECTOR(3 DOWNTO 0):="0101";
   CONSTANT data6:BIT_VECTOR(3 DOWNTO 0):="0110";
   CONSTANT data7:BIT_VECTOR(3 DOWNTO 0):="0111";
   CONSTANT data8:BIT_VECTOR(3 DOWNTO 0):="1000";
   CONSTANT data9:BIT_VECTOR(3 DOWNTO 0):="1001";
   CONSTANT dataA:BIT_VECTOR(3 DOWNTO 0):="1010";
   CONSTANT dataB:BIT_VECTOR(3 DOWNTO 0):="1011";
   CONSTANT dataC:BIT_VECTOR(3 DOWNTO 0):="1100";
   CONSTANT dataD:BIT_VECTOR(3 DOWNTO 0):="1101";
   CONSTANT dataE:BIT_VECTOR(3 DOWNTO 0):="1110";
```

```vhdl
      CONSTANT dataF:BIT_VECTOR(3 DOWNTO 0):="1111";

BEGIN

ind1: PROCESS (tas1,tas2)
BEGIN
  CASE tas1 IS
    WHEN a => val1 <= '1';
              CASE tas2 IS
                WHEN a => dat <= data1;
                WHEN b => dat <= data4;
                WHEN c => dat <= data7;
                WHEN d => dat <= data0;
                WHEN OTHERS => dat <= data0;
              END CASE;
    WHEN b => val1 <= '1';
              CASE tas2 IS
                WHEN a => dat <= data2;
                WHEN b => dat <= data5;
                WHEN c => dat <= data8;
                WHEN d => dat <= dataA;
                WHEN OTHERS => dat <= data0;
              END CASE;
    WHEN c => val1 <= '1';
              CASE tas2 IS
                WHEN a => dat <= data3;
                WHEN b => dat <= data6;
                WHEN c => dat <= data9;
                WHEN d => dat <= dataB;
                WHEN OTHERS => dat <= data0;
              END CASE;
    WHEN d => val1 <= '1';
              CASE tas2 IS
                WHEN a => dat <= dataF;
                WHEN b => dat <= dataE;
                WHEN c => dat <= dataD;
                WHEN d => dat <= dataC;
                WHEN OTHERS => dat <= data0;
              END CASE;
    WHEN OTHERS =>
       dat <= data0;
       val1 <= '0';
  END CASE;
END PROCESS ind1;

ind2: PROCESS (tas1,tas2)
BEGIN
  CASE tas2 IS
    WHEN a => val2 <= '1';
    WHEN b => val2 <= '1';
    WHEN c => val2 <= '1';
    WHEN d => val2 <= '1';
    WHEN OTHERS => val2 <= '0';
  END CASE;
valid <= (val1 and val2);
END PROCESS ind2;
END archindige1;
```

Die „zweistufige" Erzeugung des Valid-Signals (aus val1 und val2) hat ihren Grund darin, dass bei direkter Erzeugung der entstehende logische Ausdruck mehr Terme enthalten würde, als in einem Baustein des Typs GAL16V8 realisiert werden können.

10.3.2 Realisierung eines JK-Flip-Flops

Als Beispiel für die Realisierung einer sequentiellen Schaltung soll ein JK-Flip-Flop durch eine VHDL-Datei beschrieben werden. Dazu kann man das JK-Flip-Flop zunächst als Zustands-Maschine beschreiben; ausgehend von den bekannten Eigenschaften erhält man das folgende Zustandsdiagramm:

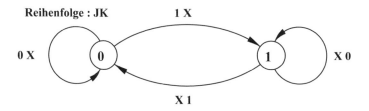

Abb. 147: Zustandsdiagramm eines JK-Flip-Flops

Betrachten wir nun eine erste Variante der Realisierung:

```
ENTITY jkff IS PORT(
  clk,j,k: IN BIT;
  qd,qn: BUFFER BIT);
END jkff;

ARCHITECTURE archjkff OF jkff IS
BEGIN
ff: PROCESS (clk)
  BEGIN
    IF (clk'event AND clk='1') THEN
      IF qd='0' THEN
        IF j='1' THEN qd <= '1';
        ELSE          qd <= '0';
        END IF;
      ELSE
        IF k='1' THEN qd <= '0';
        ELSE          qd <= '1';
        END IF;
      END IF;
    END IF;
END PROCESS;
qn <= NOT qd;
END archjkff;
```

In diesem Beispiel wurde innerhalb des Prozesses nur dem direkten Ausgang qd ein Wert explizit zugewiesen; der negierte Ausgang qn wird in der zweitletzten Zeile mit einer nebenläufigen Anweisung erzeugt. Wenn man nun mit dem zum WARP-Compiler gehörenden Simulationsprogramm NOVA das zeitliche Verhalten untersucht, so erhält man das folgende Resultat:

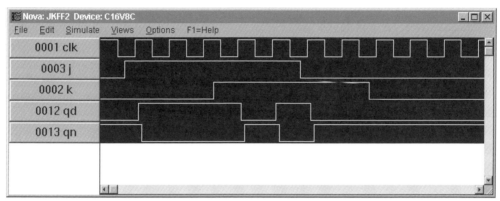

Abb. 148: Zeitverhalten des JK-Flip-Flops (Variante 1)

Es ist deutlich zu erkennen, dass der negierte Ausgang stets um eine Gatter-Verzögerungszeit hinter dem direkten Ausgang hinterherhinkt. Auf der Suche nach den Gründen kann man die bei jedem Compiliervorgang erzeugte Report-Datei genauer auswerten. Nebst einer Reihe von im Moment unwichtigen Informationen ist in der Report-Datei die Beschreibung des Entwurfs durch logische Gleichungen enthalten:

```
DESIGN EQUATIONS          (13:33:09)

    qn =
         /qd.Q

    qd.D =
         qd.Q * /k
       + /qd.Q * j

    qd.C =
         clk
```

In GALs sind nur D-Flip-Flops enthalten. Register-Signale werden über den Signal-Namen (hier qd) und ein Attribut angesprochen. So bedeutet qd.Q den Ausgang, qd.D den Dateneingang und qd.C den Takteingang des betreffenden D-Flip-Flops. Mit diesem Wissen erkennt man, dass offenbar nur der Ausgang qd in einem Flip-Flop gespeichert wird und der negierte Ausgang mit Hilfe einer rein kombinatorischen Verknüpfung (qn = NOT qd) gebildet wird. Möchte man aus bestimmten Gründen, dass der direkte und der negierte Ausgang des JK_Flip-Flops genau zur selben Zeit ihren Zustand wechseln, so muss man den negierten Ausgang ebenfalls innerhalb des Prozesses definieren, was im folgenden Listing erkennbar wird:

```
ENTITY jkff IS PORT(
  clk,j,k: IN BIT;
  qd,qn: BUFFER BIT);
END jkff;

ARCHITECTURE archjkff OF jkff IS
BEGIN
ff: PROCESS (clk)
  BEGIN
    IF (clk'event AND clk='1') THEN
      IF qd='0' THEN
        IF j='1' THEN qd <= '1';
                      qn <= '0';
        ELSE          qd <= '0';
                      qn <= '1';
        END IF;
      ELSE
        IF k='1' THEN qd <= '0';
                      qn <= '1';
        ELSE          qd <= '1';
                      qn <= '0';
        END IF;
      END IF;
    END IF;
END PROCESS;
END archjkff;
```

Bei dieser Variante erhält man entsprechend geänderte logische Gleichungen, wie ein Blick auf den betreffenden Ausschnitt der Report-Datei zeigt:

```
DESIGN EQUATIONS              (14:07:20)

  qd.D = j * /qd.Q + /k * qd.Q

  qd.C = clk

  qn.D = /j * /qd.Q + k * qd.Q

  qn.C = clk
```

Jetzt sind beide Flip-Flop-Ausgänge mit je einer Registerzelle realisiert. Das hat natürlich auch Auswirkungen auf das Zeitverhalten des Flip-Flops; wir erwarten einen gleichzeitigen Wechsel der Ausgangssignale, was durch die Simulation bestätigt wird:

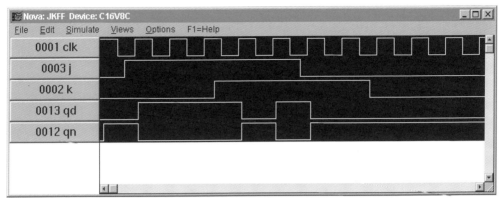

Abb. 149: Zeitverhalten des JK-Flip-Flops (Variante 2)

Der negierte Ausgang geht übrigens erst nach der ersten eintreffenden aktiven Taktflanke auf den negierten Wert des direkten Ausgangs.

10.3.3 Elektronischer Würfel (Version 3)

In diesem zweiten GAL-Entwurfs-Beispiel soll der elektronische Würfel, wie er bereits in Abschnitt 4.1.2 behandelt wurde, mit einem GAL16V8 realisiert werden. Dabei kann man nicht einfach die dort gefundene Schaltung direkt in ein GAL packen (dazu würden z.B. die in jenem Entwurf verwendeten JK-Flip-Flops fehlen), sondern man muss zur Grundidee zurückkehren. Diese Grundidee war, einen Zähler mit vier Speichern durch Tastendruck einen repetitiven Zyklus von sechs (die Würfelbilder darstellenden) Zuständen durchlaufen zu lassen. Beim Loslassen der Taste sollte der Zähler gestoppt und der zufällige aktuelle Zustand angezeigt werden. Zur Implementierung eines Zählers in einem GAL muss dieses im Register-Modus betrieben werden, was bedeutet, dass die Tristate-Registerausgänge von einem gemeinsamen Signal !OE (Pin 11) gesteuert werden. Man kann das ausnützen, indem man Pin 11 so ansteuert, dass bei gedrückter Taste die Ausgänge hochohmig sind (!OE = 1). Dadurch kann der Zählvorgang nicht mehr beobachtet werden, und die Betrugsmöglichkeiten sind damit auch bei relativ tiefen Taktfrequenzen stark eingeschränkt. Eine gedrückte Taste bewirkt ein 0-Signal, also muss das Tastensignal noch invertiert werden, damit es als Steuersignal für die Tristate-Ausgänge verwendet werden kann.

Hier noch das Schema des GAL-Würfels:

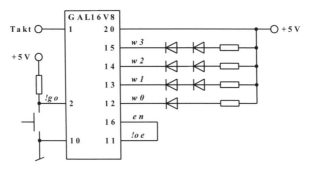

Abb. 150: *Schema des Würfels*

Das Verhalten dieses Würfels lässt sich durch das folgende VHDL-Listing beschreiben:

```
ENTITY wuerfel IS PORT (
clk, go:   IN  BIT;
en:        OUT BIT;
w:         OUT BIT_VECTOR(3 DOWNTO 0));
END wuerfel;


ARCHITECTURE archwuerfel OF wuerfel IS

CONSTANT eins:         BIT_VECTOR(3 DOWNTO 0) := "0001";
CONSTANT zwei:         BIT_VECTOR(3 DOWNTO 0) := "0010";
CONSTANT drei:         BIT_VECTOR(3 DOWNTO 0) := "0011";
CONSTANT vier:         BIT_VECTOR(3 DOWNTO 0) := "0110";
CONSTANT fuenf:        BIT_VECTOR(3 DOWNTO 0) := "0111";
CONSTANT sechs:        BIT_VECTOR(3 DOWNTO 0) := "1110";
SIGNAL wurf:           BIT_VECTOR(3 DOWNTO 0);
BEGIN
w : PROCESS (clk)
BEGIN
IF (clk'event AND clk='1') THEN
   CASE (wurf) IS
      WHEN eins =>        IF (go='0') THEN wurf <= zwei;
                          ELSE wurf <= eins;
                          END IF;
      WHEN zwei =>        IF (go='0') THEN wurf <= drei;
                          ELSE wurf <= zwei;
                          END IF;
      WHEN drei =>        IF (go='0') THEN wurf <= vier;
                          ELSE wurf <= drei;
                          END IF;
```

```
          WHEN vier  =>          IF (go='0') THEN wurf <= fuenf;
                                 ELSE wurf <= vier;
                                 END IF;
          WHEN fuenf =>          IF (go='0') THEN wurf <= sechs;
                                 ELSE wurf <= fuenf;
                                 END IF;
          WHEN sechs =>          IF (go='0') THEN wurf <= eins;
                                 ELSE wurf <= sechs;
                                 END IF;
          WHEN OTHERS =>  WURF <= eins;
     END CASE;
  END IF;
  END PROCESS w ;
  en <= NOT go;
  w <= wurf;
  END archwuerfel;
```

In diesem Beispiel, wie übrigens auch im vorhergehenden, wurde die Zuordnung der Signale zu den Bausteinanschlüssen weggelassen. In diesem Fall macht der Compiler diese Zuordnung. In der Report-Datei ist die gewählte Zuordnung festgehalten:

```
DESIGN SIGNAL PLACEMENT     (15:34:52)

                              C16V8C

           clk = | 1 |                      |20| * not used
            go =|  2|                       |19| * not used
    not used * |  3|                        |18| * not used
    not used * |  4|                        |17| * not used
    not used * |  5|                        |16| = en
    not used * |  6|                        |15| = w_3
    not used * |  7|                        |14| = w_2
    not used * |  8|                        |13| = w_1
    not used * |  9|                        |12| = w_0
    not used * | 10|                        |11| * Reserved
```

10.3.4 Binärzähler

Wenn man z.B. einen 8-Bit-Binärzähler auf die bisherige Art in VHDL beschreiben möchte, so resultiert eine riesige Menge an Schreibarbeit, bis man für jeden der $2^8 = 256$ Zustände das Verhalten definiert hat. Zum Glück gibt es aber in VHDL auch arithmetische Funktionen, die man sehr bequem ausnützen kann. Dabei ist aber zu beachten, dass der Zählerstand durch einen bit_vector erfasst wird, also eine Gruppe von logischen Werten. Mit dem Datentyp bit_vector kann aber nicht ohne Weiteres gerechnet werden; die strenge Typenprüfung von VHDL verhindert das. Als Lösung werden Bibliotheks-Routinen angeboten, die durch eine USE-Anweisung in den VHDL-Quelltext eingebunden werden. Bezüglich der verfügbaren Bibliotheken und ihrer Anwendungen muss auf die entsprechenden Handbücher der Compiler-Hersteller verwiesen werden.

Das folgende Beispiel realisiert einen 8-Bit-Vor-Rückwärts-Zähler im Binärcode, der als Besonderheit noch einen „Schnellgang" aufweist. Falls das Signal sg='1' ist, wird der Zählerstand bei jeder aktiven Taktflanke um 5 erhöht bzw. erniedrigt; für sg='0' wird nur um 1 erhöht bzw. erniedrigt. Ein solcher Zähler lässt sich unter Verwendung der arithmetischen Bibliothek sehr einfach beschreiben:

```
ENTITY counter IS PORT (
  clk,         -- Taktsignal
  vr,          -- Vor-Rückwärts-Signal
  sg:  IN BIT; -- "Schnellgang"
  aus: BUFFER BIT_VECTOR(7 DOWNTO 0));
END counter;

-- Einbinden der Bibliothek (siehe Manual):
USE work.bit_arith.all;

ARCHITECTURE archcounter OF counter IS
BEGIN
PROCESS (clk)
BEGIN
  IF (clk'event AND clk='1') THEN
    IF vr='1' THEN
      IF sg='1' THEN aus <= aus + 5;
      ELSE           aus <= aus + 1;
      END IF;
    ELSE
      IF sg='1' THEN aus <= aus - 5;
      ELSE           aus <= aus - 1;
      END IF;
    END IF;
  END IF;
END PROCESS;
END archcounter;
```

Damit ist diese kurze Einführung in VHDL abgeschlossen. Wie bei jeder Sprache macht auch hier die Übung den Meister. Weiterführende Literatur findet sich im Literaturverzeichnis.

10.4 Übungsaufgaben

10.1 Beschreibe das Verhalten des in Kapitel 6 besprochenen Getränke-Automaten (Automat nach Mealy) in VHDL.

11

Mehr über VHDL

In diesem Teil werden andere Sprachmöglichkeiten besprochen, die es erlauben, Modelle zu simulieren und die Lesbarkeit zu verbessern. Dazu werden hier std_logic-Datentypen anstelle von BIT-Datentypen verwendet.

11.1 Mehr über Datentypen und Operatoren

Die VHDL-Sprache bietet mehr Möglichkeiten zur Definition und den Umgang mit Datentypen an, als bis jetzt besprochen wurde.

11.1.1 Extended-Data-Typen

Die bis jetzt benutzten, vordefinierten Datentypen reichen in der Praxis nicht aus, um Systeme zu beschreiben oder zu simulieren, wo Werte wie Z, U, X verwendet werden müssen (z.B. Tristate in Bus Systeme). Im IEEE-Standard 1164 ist eine 9-wertige Logik definiert (std_logic_1164). Neben '1' und '0' wird die Modellierung von Signalen mit Werten wie U, X, Z unterstützt.

std_ulogic (1 Element) , std_ulogic_vector (Array) Unresolved (nicht aufgelöst)
std_logic (1 Element), std_logic_vector (Array)   Resolved (aufgelöst)

'U'	noch nicht initialisiert	
'X'	treibend *unbekannt*	
'0'	treibend *logische 0*	
'1'	treibend *logische 1*	
'Z'	hochohmig –	für Busse mit three-state
'W'	schwach *unbekannt*	
'L'	schwach *logische 0*	
'H'	schwach *logische 1*	
'-'	don't care	für Logiksynthese

Aufgelöste (engl. Resolved) Typen sollen verwendet werden, wenn ein Signal von mehr als einem Treiber geschrieben ist. Dies geschieht zum Beispiel, wenn Zuweisungen an diesem Signal in mehr als einem Prozess oder in einem nebenläufigen Prozess gemacht werden. Eine Auflösungsfunktion ist nötig, um zu entscheiden, welchen Wert das getriebene Signal annimmt.

Nicht aufgelöste (engl. Unresolved) Typen dürfen nicht von mehr als einem Treiber geschrieben werden. Die Typen, die bis jetzt verwendet wurden, sind nicht aufgelöst.

	'U'	'X'	'0'	'1'	'Z'	'W'	'L'	'H'	'-'
'U'	U	U	U	U	U	U	U	U	U
'X'	U	X	X	X	X	X	X	X	X
'0'	U	X	0	X	0	0	0	0	X
'1'	U	X	X	1	1	1	1	1	X
'Z'	U	X	0	1	Z	W	L	H	X
'W'	U	X	0	1	W	W	W	W	X
'L'	U	X	0	1	L	W	L	W	X
'H'	U	X	0	1	H	W	W	H	X
'-'	U	X	X	X	X	X	X	X	X

std_logic Auflösungsfunktion

11.1.2 Concatenation (Verkettung, Verknüpfung)

Die Verkettung wird gebraucht, um verschiedene Objekte vor einer Zuweisung zu verknüpfen. Die Zuweisung erfolgt nach Position. **&** ist der Verkettungsoperator.

```
Signal res1     :std_logic_vector (4 downto 0);
signal res2     :std_logic_vector (9 downto 0);
signal op1,op2  :std_logic_vector (3 downto 0);
....
res1 <= '0' & op1 + '0' & op2;
res2 <= "10101" & res1
```

Der Übertrag wird in res1(4) geschrieben. Vor der Addition werden die Operanden mit 0 verknüpft um 5-Bit-Vektoren zu erzeugen. Signal res2 ist ein Verknüpfung von "10101" mit Signal res1.

11.1.3 Aggregates

Mehrere zusammengefasste und durch Komma getrennte Signale oder Werte werden in einem Objekt geschrieben. Die Zusammenfassung wird mittels Klammern gemacht. Zuweisung kann nach Position (positional association) oder nach Name erfolgen (named association).

```
op1 <= ('0','1','1','0'); --- 0110 (Positional)
....
op2 <= ('1',others => '0'); --- 1000 (Positional)
....
res2 <=('1',op1(2),op2(2),op1(0),"010",others => '1');
--- 1100010111 (Positional)
....
op1 <= (2 => '1',0 => '0',3 => '0',1 => '1'); ---- 0110 (Named)
....
op2 <= (3 => '1',0 => '1',2 => '1',1 => '0'); ---- 1101 (Named)
....
res2 <= (3 downto 1 => "110",9 => '1',0 => '1',others => '0');
---- 1000001101 (Positional)
```

11.1.3 Slices

Slices werden benützt, um nur Teile eines Vektors für eine Zuweisung zu selektieren (Lesen oder Schreiben). Die beiden Teile der Zuweisung müssen natürlich gleich gross sein.

```
res2(4 downto 0) <= res1;
....
res1(3 downto 1) <= op1(2 downto 0);
```

11.1.4 Aliases

Aliases werden gebraucht, um ein Objekt oder Teile des Objektes so zu definieren, dass es mit einem anderen Namen angesprochen werden kann. Auf diese Weise kann die Lesbarkeit verbessert werden.

```
ALIAS carry:   std_logic is res1(4);
ALIAS result:  std_logic_vector(3 downto 0) is res1(3 downto 0);
```

11.2 Simulation

Simulation ist bei VHDL sehr wichtig. Je komplexer eine Schaltung ist, desto wichtiger ist es, diese zu simulieren, um Zeit und Kosten zu sparen. Es wird empfohlen, Schaltungen immer zu simulieren. Um eine Schaltung zu simulieren, muss ein Test Bench vorbereit werden. Ein Modell, das die Testvektoren beinhaltet, wird in VHDL geschrieben. Die Testvektoren kombinieren Wert- und Zeitinformation, die beschreiben, wann und wie die Knoten von der zu prüfenden Schaltung (DUT = Device Under Test) stimuliert werden sollen. In sehr einfachen Fällen können Testvektoren in eigenen Prozessen definiert und durch Signale mit der DUT verbunden werden. Es befindet sich alles ist in einer Datei. Das Verfahren ist einfach, aber man verliert an Modularität. Normalerweise werden DUT und Testvektoren als separate Komponenten betrachtet. Sie können dann mittels Strukturbeschreibung auf einer höheren Ebene verbunden werden.

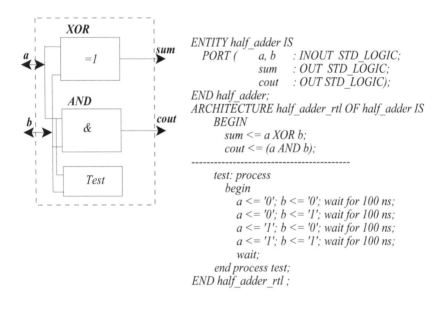

Abb. 151: Testvektoren im Prozess

11.2.1 Befehle für Simulation

Zunächst wollen wir einige Befehle, die für Simulationen nötig sind, kurz besprechen.

Neben anderen VHDL-Befehlen werden oft Zeit-Informationen für Simulationen verwendet. Die vordefinierten Zeiteinheiten sind:

hr (3600 s), min (60 s), sec (1 s), ms (10^{-3} s), us (10^{-6} s), ns (10^{-9} s), ps (10^{-12} s), fs (10^{-15} s).

Verzögerung.
Zuweisung mit Verzögerungen kann auf verschiedene Weise modelliert werden:

Inertial (default)
y <= inertial x after 18 ns; oder *y <= x after 18 ns;*
Das Signal wird mit 18 ns Verzögerung weitergeleitet, wenn es mehr als 18 ns aktiv ist. Das bedeutet, dass Spikes ausgefiltert werden, wenn sie kürzer als 18 ns sind.

Transport
y <= transport x after 15 ns;
Das Signal wird mit 15 ns transportiert. Alles wird transportiert.

Verzögerungen machen für die Synthese keinen Sinn.

```
-- Verzögerungen
ENTITY verz1 IS
    PORT (
    x : inout std_logic ;
    y1,y2 : inout std_logic ;
    z1,z2 : inout std_logic
    ) ;
END verz1 ;
ARCHITECTURE arch_verz1 of verz1 is
CONSTANT periode :   time := 100 ns;
BEGIN
y1 <= x after 11 ns; y2 <= x after 18 ns;
z1 <= transport x after 11 ns; z2 <= transport x after 18 ns;
testvektoren: PROCESS
  BEGIN
    x <= '1','0' after 50 ns,'1' after 55 ns, '0' after 65 ns,
    '1' after 80 ns, '0' after 100 ns, '1' after 125 ns, '0'
    after 155 ns;
    wait; -- wartet für immer
  END PROCESS testvektoren;
END arch_verz1;
```

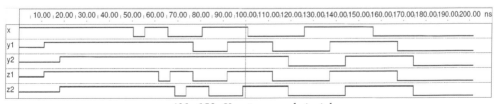

Abb. 152: Verzögerungsbeispiel

wait Anweisung
Wird in Simulationen gebraucht, um eine definierte Zeit zwischen Vektoren zu warten.

```
wait for 230 ns; --- Wartet für 250 Nanosekunden.
...
Wait ; --- (Ohne Argument) um für immer zu warten
...
wait until BEDINGUNG; ---Wartet bis ein Bedingung erfüllt ist.

-- Testvektoren
ENTITY verz0 IS
    PORT (
      init : inout std_logic_vector (3 downto 0) ;
      takt,si : inout std_logic ;
      reset : inout std_logic
    ) ;
END verz0 ;
ARCHITECTURE arch_verz0 of verz0 is
CONSTANT periode :  time := 100 ns;
BEGIN
testvektoren: PROCESS
  BEGIN
    init <= "0000", "1010" after 5*periode;
    si   <= '1','0' after 5.6*periode,'1' after 7.2*periode,
            '0' after 9*periode;
    reset <= '0', '1' after periode/5, '0' after 1.9*periode;
    wait; -- wartet für immer
  END PROCESS testvektoren;
clocking: PROCESS
  BEGIN
    takt <= '0'; wait for  periode/2;
    takt <= '1'; wait for  periode/2;
  END PROCESS clocking;
END arch_verz0;
```

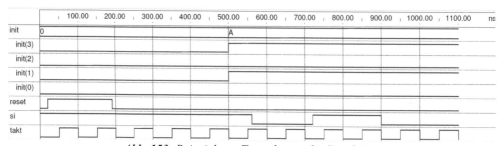

Abb. 153: Beispiel von Testvektoren für Simulation

11.2.2 Strukturelle Beschreibung

Das Modell wird als eine Gruppe von Unterkomponenten angesehen, die zusammengebunden sind. In der strukturellen Modellierung werden die Verbindungen zwischen verschiedenen Unterkomponenten beschrieben. Unterkomponenten werden von Bibliotheken herausgeholt, platziert (instantiiert) und miteinander verbunden. Dies kann mit der Zeichnung eines Schaltplanes verglichen werden.

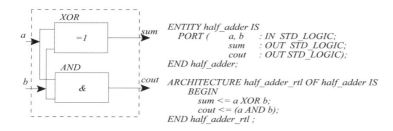

```
ENTITY half_adder IS
    PORT (    a, b    : IN STD_LOGIC;
              sum     : OUT STD_LOGIC;
              cout    : OUT STD_LOGIC);
END half_adder;

ARCHITECTURE half_adder_rtl OF half_adder IS
    BEGIN
        sum <= a XOR b;
        cout <= (a AND b);
END half_adder_rtl ;
```

Abb. 154: *Beispiel für Modellierung*

```
ENTITY halfadder IS
    PORT (  sum_a, sum_b : IN   bit
            sum, carry   : OUT  bit);
END halfadder

ARCHITECTURE structural OF halfadder IS
    COMPONENT xor2
        PORT (c1, c2: IN bit; c3: OUT bit);
    END COMPONENT;
    COMPONENT and2
        PORT (c4, c5: IN bit; c6: OUT bit);
    END COMPONENT;
    BEGIN
        xor_instance: xor2 PORT MAP (sum_a, sum_b, sum);
        and_instance: and2 PORT MAP (sum_a, sum_b, carry);
END structural;
```

Abb. 155: *Beispiel für strukturale Modellierung*

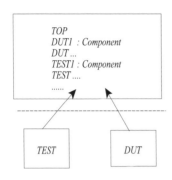

Abb. 156: Testvektoren und DUT in separaten Einheiten

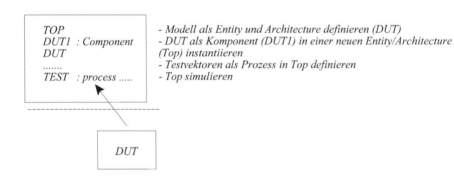

Abb. 157: Testvektoren in Top. DUT als Komponente.

11.3 Modellierung von Automaten

In diesem Teil wird die Modellierung von Automaten besprochen.

11.3.1 Grundgedanken, Initialisierung

Allgemein bestehen Automaten aus drei Teilen, zwei kombinatorischen und einem sequentiellen. Diese Teile sollen in einem VHDL-Modell gefunden werden können. Der Ausgangslogikteil kann mit nebenläufigen Anweisungen modelliert werden. Die Zustandsberechnungsmaschine (sequentieller Teil) wird in einem Prozess mit sequentiellen Anweisungen modelliert. Es gibt mehrere Möglichkeiten, die drei Teile zusammenzusetzen. Auch der Automatentyp spielt dabei eine Rolle. Zustände können manuell kodiert oder als Untertyp definiert werden.

```
-- States wird als new Type definiert.
type states is (rot,blau,gruen,start);
signal zustand : states;   -- signal zustand ist von Type states

-- Manuelle Definition von Zustände
constant rot: std_logic_vector(1 downto 0):="00";
constant blau: std_logic_vector(1 downto 0):="01";
constant gruen: std_logic_vector(1 downto 0):="10";
constant start: std_logic_vector(1 downto 0):="11";

-- Signal für Zustände
signal zustand: std_logic_vector(1 downto 0);
```

Die meisten Automaten sollen initialisiert werden. Um Schaltwerke zu initialisieren, kann man Extraeingänge benützen, die Flip-Flops in definierte Zustände bringen. Wenn das Ziel eines VHDL-Modells ist, ein PLD zu programmieren, muss man sich früh genug versichern, dass die Initialisierungsmöglichkeiten, die in VHDL kodiert werden, in der Ziel-PLD wirklich vorhanden sind. Das heisst zum Beispiel, dass ein asynchroner Preset in der Synthese nur dann möglich ist, wenn das Ziel-PLD Flip-Flops beinhaltet, die einen asynchronen Preset haben.

Zunächst folgen ein Beispiel von asynchroner Initialisierung (das Signal "init" wird zuerst bewertet) und ein Beispiel von synchroner Initialisierung (das Signal "takt" wird vor dem Signal "init" bewertet).

202 Mehr über VHDL

```
LIBRARY ieee;
USE ieee.std_logic_1164.ALL;
USE work.std_arith.ALL;

ENTITY counter IS PORT (
  Count0,count1 : INOUT STD_LOGIC_VECTOR (3 DOWNTO 0);
  Takt, Init    : IN STD_LOGIC);
END counter;

ARCHITECTURE archcounter0 OF counter IS
BEGIN

p1:PROCESS (init,takt,count0)
    BEGIN
-- Asynchron: Die Initialisierung wird vor den Takt geprüft
    IF (init = '0') THEN count0 <= (OTHERS => '0');
    ELSIF (takt'EVENT AND takt='1') THEN count0 <= count0+1;
    END IF;
  END PROCESS p1;

p2:PROCESS (init,takt,count1)
    BEGIN
-- Synchron: Der Takt wird vor die Inititialisierung geprüft
    IF (takt'EVENT AND takt = '1' ) THEN
      IF (init = '0') THEN count1 <= (OTHERS => '0');
      ELSE count1 <= count1 + 1;
      END IF;
    END IF;
  END process p2;
END archcounter0;
```

"count0" wird sofort zurückgesetzt, wenn Eingang "init" aktiv (0) wird. Anders ist es mit "count1". Eine steigende Flanke von Signal "takt" ist nötig, wenn "init" aktiv ist, um "count1" zurückzusetzen.

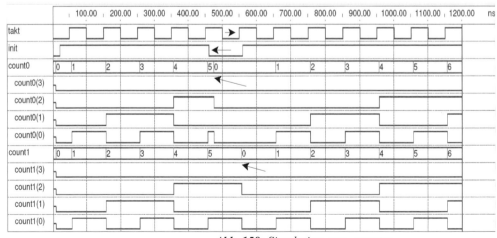

Abb. 158: *Simulation von counter*

11.3.2 Moore/Mealy

In Moore-Automaten sind die Ausgaben nur vom Zustand abhängig. Anweisungen, um Ausgaben zu berechnen, können im gleichem Prozess wie die Zustandsmaschine geschrieben werden. In Mealy-Automaten sind die Ausgaben vom Zustand und den Eingaben abhängig. Deshalb dürfen die Anweisungen, um die Ausgaben zu berechnen, nicht im gleichen Prozess wie die Zustandsberechnungsmaschine geschrieben sein. Unten ist ein allgemeines Beispiel, das die drei Automaten-Teile für Moore und Mealy darstellt. Die Zustandsdefinition kann durch den Compiler oder das Benutzer gemacht werden.

```
-- Implementation von Moore/Mealy Automat
ENTITY aut1 IS
PORT(
  clk,reset   : IN std_logic;
  ausgänge    : OUT std_logic_vector (...);
  eingänge    : IN std_logic_vector (...));
END aut1;

ARCHITECTURE arch_aut1 OF aut1 IS
--Zustandsignale (Speicher)
SIGNAL state,nextstate: std_logic_vector(...); -- Für Zustände

-- Definition von Zustände für Automat (zust0, zust1, ...)
-- Zum Beispiel
CONSTANT zust0: std_logic_vector(1 DOWNTO 0):="00";
...

-- Definition von Ausgangswerte (wert0, wert1 ...)
-- Zum Beispiel
CONSTANT wert0: std_logic_vector(3 DOWNTO 0):="0010";

BEGIN
-- Speicherteil des Automates
speicher: PROCESS (clk, reset)
BEGIN
  IF (reset = '1') then
    state <= state0;
  ELSIF (clk'event and clk = '1') THEN
    state <= nextstate;
  END IF;
END PROCESS speicher;
```

Mehr über VHDL

```
-- Nächsten Zustand Logik
-- Der nächsten Zustand wird berechnet auf Grund von Eingängen
und gegenwertiges Zustand
komb1: PROCESS
BEGIN
  CASE state is
    WHEN zust0 =>
      IF (eingänge = ... ) THEN nextstate <= ...;
      ELSIF (eingänge = ... ) THEN nextstate <= ...;
      ELSE ...
      END IF;
    WHEN zust1 =>
      ....
    WHEN OTHERS =>
      ...
    END CASE;
END PROCESS komb1;

-- MOORE. Ausgangslogik ist NUR von ZUSTAND abhängig
komb2: PROCESS
BEGIN
  ausgänge <= wert0 WHEN (state = zust0)
              ELSE wert1 WHEN (state = zust1)
              ELSE ...   WHEN ...
              ELSE wert3;
END PROCESS komb2;
```

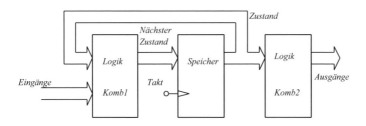

Abb. 159: *Automat nach Moore*

```
-- MEALY: Ausgangslogik ist von ZUSTAND UND EINGÄNGE abhängig
komb2: PROCESS
BEGIN
  ausgänge <= wert0 WHEN ((state = zust0) AND (eingang = ...))
          ELSE wert1 WHEN ((state = zust1) AND (eingang = ...))
          ELSE ...   WHEN ...
          ELSE wert3;
END PROCESS komb2;
END arch_aut1;
```

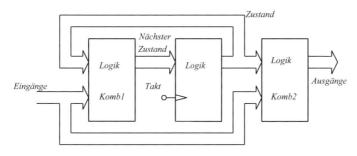

Abb. 160: Automat nach Mealy

Beispiel „Blinker".

Ein Automat soll entwickelt werden, um zwei Lampen zu kontrollieren. Zwei Eingänge werden benutzt, um zu entscheiden, welche Lampe blinken soll (rechts oder links), beide Lampen blinken zu lassen oder beide Lampen auszuschalten. Die Blinkfrequenz ist halb so gross wie die Automaten-Taktfrequenz. Es soll immer möglich sein, die Lampen durch ein Signal auszuschalten.

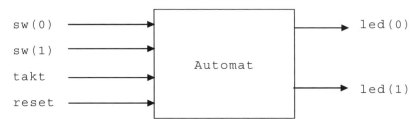

Abb. 161: Schnittstelle des Blinkers

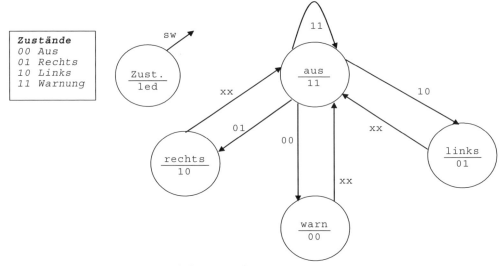

Abb. 162: Zustandsdiagramm für eine Lösung mit Moore-Automat

```
-- Blinker: Entity

LIBRARY IEEE;
USE IEEE.std_logic_1164.ALL;
USE work.std_arith.ALL;

ENTITY blinker IS
PORT(
    clk,reset : IN std_logic;
    led             : OUT std_logic_vector (1 DOWNTO 0);
    sw              : IN std_logic_vector (1 DOWNTO 0));
END blinker;
```

Beispiel „Blinker": Lösung mit Moore-Automat (3 Teile).

```vhdl
-- Blinker mit Moore Automat

ARCHITECTURE arch_blink_moore3 OF blinker IS
SIGNAL state,nextstate: std_logic_vector(1 DOWNTO 0);

-- Zustände für Automat
CONSTANT aus: std_logic_vector(1 DOWNTO 0):="00";
CONSTANT rechts: std_logic_vector(1 DOWNTO 0):="01";
CONSTANT links: std_logic_vector(1 DOWNTO 0):="10";
CONSTANT warn: std_logic_vector(1 DOWNTO 0):="11";
ALIAS lsw: std_logic IS sw(0); -- links Schalter
ALIAS rsw: std_logic IS sw(1); -- rechts schalter
ALIAS lled: std_logic IS led(0); -- links Licht
ALIAS rled: std_logic IS led(1); -- rechts Licht

BEGIN
-- Teil 1: Zustandsspeicher
speicher: PROCESS(clk,reset,sw,state)
BEGIN
  IF (reset = '1') THEN
    state <= aus;
  ELSIF (clk'event and clk='0') THEN
     state <= nextstate;
  END IF;
END PROCESS speicher;

-- Teil 2: Berechnung für nächsten Zustand
zustand: PROCESS(clk,reset,sw,state)
BEGIN
   CASE state IS
      WHEN aus =>
         IF (lsw,rsw) = "00" THEN
            nextstate <= warn;
         ELSIF (lsw,rsw) = "01" THEN
            nextstate <= links;
         ELSIF (lsw,rsw) = "10" THEN
            nextstate <= rechts;
         ELSE nextstate <=    aus;
         END IF;
      WHEN links => nextstate <= aus;
      WHEN rechts => nextstate <= aus;
      WHEN warn => nextstate <= aus;
      WHEN OTHERS => nextstate <= aus;
   END CASE;
END PROCESS zustand;
-- Teil 3: Ausgang Logik
lled <= '0' WHEN ((state = links) OR (state = warn)) ELSE '1';
rled <= '0' WHEN ((state = rechts) OR (state = warn)) ELSE '1';
END arch_blink_moore3;
```

Beispiel „Blinker": Lösung mit Moore-Automat (2 Teile).

```
ARCHITECTURE arch_blink_moore2 OF blinker IS
SIGNAL state: std_logic_vector(1 DOWNTO 0); -- Für Zustände
-- Zustände für Automat
CONSTANT aus: std_logic_vector(1 DOWNTO 0):="00";
CONSTANT rechts: std_logic_vector(1 DOWNTO 0):="01";
CONSTANT links: std_logic_vector(1 DOWNTO 0):="10";
CONSTANT warn: std_logic_vector(1 DOWNTO 0):="11";
ALIAS lsw: std_logic IS sw(0); -- links Schalter
ALIAS rsw: std_logic IS sw(1); -- rechts schalter
ALIAS lled: std_logic IS led(0); -- links Licht
ALIAS rled: std_logic IS led(1); -- rechts Licht

BEGIN
automat: PROCESS(clk,reset,sw,state)
-- Teil 1: Zustandsspeicher und Berechnung für nächsten Zustand
BEGIN
   IF (reset = '1') THEN
      state <= aus;
   ELSIF (clk'event and clk='0') THEN
      CASE state IS
         WHEN aus =>
            IF (lsw,rsw) = "00" THEN
               state <= warn;
            ELSIF (lsw,rsw) = "01" THEN
               state <= links;
            ELSIF (lsw,rsw) = "10" THEN
               state <= rechts;
            ELSE   state <=   aus;
            END IF;
         WHEN links => state <= aus;
         WHEN rechts => state <= aus;
         WHEN warn =>   state <= aus;
         WHEN OTHERS => state <= aus;
      END CASE;
   END IF;
END PROCESS automat;
-- Teil 2: Ausgangslogik
lled <= '0' WHEN ((state = links) OR (state = warn)) ELSE '1';
rled <= '0' WHEN ((state = rechts) OR (state = warn)) ELSE '1';
END arch_blink_moore2;
```

Modellierung von Automaten

Beispiel „Blinker": Lösung mit Moore-Automat (1 Prozess).

```
ARCHITECTURE arch_blink_moore1 OF blinker IS
SIGNAL state: std_logic_vector(1 DOWNTO 0); -- Für Zustände
-- Zustände für Automat
CONSTANT aus:   std_logic_vector(1 DOWNTO 0):="00";
CONSTANT rechts: std_logic_vector(1 DOWNTO 0):="01";
CONSTANT links: std_logic_vector(1 DOWNTO 0):="10";
CONSTANT warn:  std_logic_vector(1 DOWNTO 0):="11";
ALIAS lsw: std_logic IS sw(0); -- links Schalter
ALIAS rsw: std_logic IS sw(1); -- rechts schalter
ALIAS lled: std_logic IS led(0); -- links Licht
ALIAS rled: std_logic IS led(1); -- rechts Licht

BEGIN
automat: PROCESS(clk,reset,sw,state)
-- Zustandsspeicher und Berechnung für nächste Zustand
- und Ausgangslogik
BEGIN
  IF (reset = '1') THEN
     state <= aus; lled <= '1'; rled <= '1';
  ELSIF (clk'event and clk='0') THEN
     CASE state IS
       WHEN aus =>
         lled <= '1'; rled <= '1';
         IF (lsw,rsw) = "00" THEN
           state <= warn;
         ELSIF (lsw,rsw) = "01" THEN
           state <= links;
         ELSIF (lsw,rsw) = "10" THEN
           state <= rechts;
         ELSE  state <=   aus;
         END IF;
       WHEN links => state <= aus; lled <= '0'; rled <= '1';
       WHEN rechts => state <= aus; lled <= '1'; rled <= '0';
       WHEN warn =>  state <= aus; lled <= '0'; rled <= '0';
       WHEN OTHERS => state <= aus; lled <= '1'; rled <= '1';
     END CASE;
  END IF;
END PROCESS automat;
END arch_blink_moore1;
```

Beispiel „Blinker": Lösung mit Mealy-Automat (3 Teile).

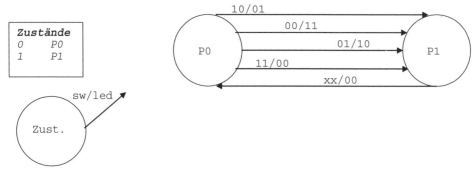

Abb. 163: *Zustandsdiagramm für eine Lösung mit Mealy Automat*

```
-- Blinker mit Mealy Automat
ARCHITECTURE arch_blink_mealy3 OF blinker IS
SIGNAL state,nextstate: std_logic; -- Für Zustände
-- Definition von Zustände
CONSTANT p0: std_logic:='0';
CONSTANT p1: std_logic:='1';

ALIAS lsw: std_logic IS sw(0);   -- links Schalter
ALIAS rsw: std_logic IS sw(1);   -- rechts schalter
ALIAS lled: std_logic IS led(0); -- links Licht
ALIAS rled: std_logic IS led(1); -- rechts Licht

BEGIN
-- Teil 1:
speicehr: PROCESS (clk,reset,sw,state)
BEGIN
   IF (reset = '1') then
      state <= p0;
   elsif (clk'event and clk='0') then -- Zustand Logik
      State <= nextstate;
   end if;
end process speicher;
- Teil 2:
zustand: PROCESS (state)
BEGIN
    case state is
        when p0 => nextstate <= p1;
        when p1 => nextstate <= p0;
        when others => nextstate <= p0;
     end case;
end process zustand;
-- Teil 3: Ausgang Logik ist von Zustand und Eingänge abhängig
lled <= '0' when ((state = p0) and (rsw = '0')) else '1';
rled <= '0' when ((state = p0) and (lsw = '0')) else '1';

end arch_blink_mealy3;
```

Beispiel „Blinker": Lösung mit Mealy-Automat (2 Teile).

```
-- Blinker mit Mealy Automat
ARCHITECTURE arch_blink_mealy2 OF blinker IS
SIGNAL state: std_logic; -- Für Zustände
-- Definition von Zustände
CONSTANT p0: std_logic:='0';
CONSTANT p1: std_logic:='1';

ALIAS lsw: std_logic IS sw(0); -- links Schalter
ALIAS rsw: std_logic IS sw(1); -- rechts schalter
ALIAS lled: std_logic IS led(0); -- links Licht
ALIAS rled: std_logic IS led(1); -- rechts Licht

BEGIN
-- Teil 1 Zustandsspeicher und Zustandsberechnung
automat: PROCESS (clk,reset,sw,state)
BEGIN
  IF (reset = '1') then
    state <= p0;
  elsif (clk'event and clk='0') then -- Zustand Logik
    case state is
      when p0 => state <= p1;
      when p1 => state <= p0;
      when others => state <= p0;
    end case;
  end if;
end process automat;

-- Teil 2: Ausgang Logik ist von Zustand und Eingänge abhängig
lled <= '0' when ((state = p0) and (rsw = '0')) else '1';
rled <= '0' when ((state = p0) and (lsw = '0')) else '1';

end arch_blink_mealy2;
```

11.4 Mehr Beispiele

BCD-Zähler (00 bis 99) mit Start-, Richtung-, und Initialisierung-Eingängen.

```
-- BCD Zähler mit 2 Ziffern (00 bis 99),
-- Start/Stop, Richtung Möglichkeiten
LIBRARY ieee;
USE ieee.std_logic_1164.ALL;
USE work.std_arith.ALL;

entity bcd_counter IS PORT (
   einer,zehner         : INOUT std_logic_vector (3 DOWNTO 0);
   takt,init,start,richtung  : INOUT std_logic);
END bcd_counter;

ARCHITECTURE arch_bcd_counter OF bcd_counter IS
BEGIN

p1:PROCESS (init,takt)
    BEGIN
       IF (init = '0') THEN
          einer <= x"0"; zehner <= x"0";
       ELSIF (takt'event and takt='1')THEN
          IF (start = '1') THEN -- Darf es gezählt werden?
             IF (richtung = '1') THEN -- Nach oben zählen
                IF (einer = x"9" OR einer >x"9") THEN
                   einer <= x"0";
                   IF (zehner = x"9" OR zehner >x"9") THEN
                      zehner <= x"0";
                   ELSE zehner <= zehner + 1;
                   END IF;
                ELSE einer <= einer + 1;
                END IF;
             ELSIF (richtung = '0')THEN -- nach untern zählen
                IF (einer = x"0" OR einer > x"9") THEN
                   einer <= x"9";
                   IF (zehner = x"0" OR zehner >x"9") THEN
                      zehner <= x"9";
                   ELSE zehner <= zehner - 1;
                   END IF;
                ELSE einer <= einer - 1;
                END IF;
             END IF;
          END IF;
       END IF;
    END PROCESS p1;
END arch_bcd_counter;
```

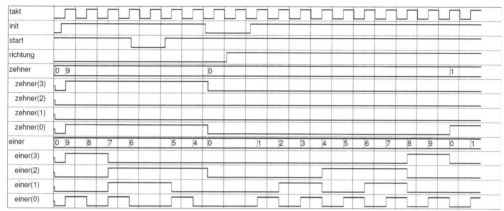

Abb. 164: *Simulation des BCD-Zählers*

Ampeln-Controller.
Ampeln-Controller für zwei Strassen mit folgenden Sequenzen und Zeiten:
Am Tag: Rot 20 Sekunden, Grün 20 Sekunden, Grün/Gelb 5 Sekunden
In der Nacht: Gelb 1 Sekunde, Aus 1 Sekunde

Lösung

```
----------------
-- AMPEL.
--- L1 und L2 (R1, O1, G1) für Strasse12
-- L3 und L4 (R3, O3, G3) für Strasse34
-- Sequenz
-- T=0 => Nacht. Blinkende gelb
-- T=1 => Tag

--   SEQ       R1    O1    G1    R3    O3    G3    time
-- Nacht
--   s6        0     1     0     0     1     0     1
--   s7        0     0     0     0     0     0     1
--             goto s6

-- Tag
--   s0        1     0     0     1     0     0     2
--   s1        0     0     1     1     0     0     20
--   s2        0     1     1     1     0     0     5
--   s3        1     0     0     1     0     0     2
--   s4        1     0     0     0     0     1     20
--   s5        1     0     0     0     1     1     5
--             goto s0
--------------
library ieee;
use ieee.std_logic_1164.all;
use work.std_arith.all;
```

214 Mehr über VHDL

```vhdl
entity AMPEL is port (
  lamps              : OUT STD_LOGIC_VECTOR (5 DOWNTO 0);   -- r1 o1 g1
                       r3 o3 g3
  clk,T              : IN  STD_LOGIC;
  reset              : IN  STD_LOGIC);   --reset für Zähler (Aktiv = 1)
end AMPEL;

architecture archAMPEL of AMPEL is

-- Definition für Ausgangsvektor (r1 o1 g1 r3 o3 g3)
constant   out_s0   : STD_LOGIC_VECTOR (5 DOWNTO 0) := "100100";
constant   out_s1   : STD_LOGIC_VECTOR (5 DOWNTO 0) := "001100";
constant   out_s2   : STD_LOGIC_VECTOR (5 DOWNTO 0) := "011100";
constant   out_s3   : STD_LOGIC_VECTOR (5 DOWNTO 0) := "100100";
constant   out_s4   : STD_LOGIC_VECTOR (5 DOWNTO 0) := "100001";
constant   out_s5   : STD_LOGIC_VECTOR (5 DOWNTO 0) := "100011";
constant   out_s6   : STD_LOGIC_VECTOR (5 DOWNTO 0) := "010010";
constant   out_s7   : STD_LOGIC_VECTOR (5 DOWNTO 0) := "000000";

---- Konstanten für Ein Zeit (Zustandslänge)
constant   lim_s0   : STD_LOGIC_VECTOR (5 DOWNTO 0) := "000010";
constant   lim_s1   : STD_LOGIC_VECTOR (5 DOWNTO 0) := "011111";
constant   lim_s2   : STD_LOGIC_VECTOR (5 DOWNTO 0) := "000101";
constant   lim_s3   : STD_LOGIC_VECTOR (5 DOWNTO 0) := "000010";
constant   lim_s4   : STD_LOGIC_VECTOR (5 DOWNTO 0) := "011111";
constant   lim_s5   : STD_LOGIC_VECTOR (5 DOWNTO 0) := "000101";
constant   lim_s6   : STD_LOGIC_VECTOR (5 DOWNTO 0) := "000001";
constant   lim_s7   : STD_LOGIC_VECTOR (5 DOWNTO 0) := "000001";

---- Kompilator definiert Zustände.
type states is (s0,s1,s2,s3,s4,s5,s6,s7);
signal state         :    states;
signal eoc           :    STD_LOGIC;
signal count, limit  :    STD_LOGIC_VECTOR (5 DOWNTO 0);

begin

p0: process (reset,clk)
   begin
   if (reset = '1') then    -- Rot wann Reset aktiv
     count <= "000000";
      eoc  <= '0';
   elsif (clk'event and clk = '1' ) then
     if (count = limit) then
       count <= "000000";
        eoc <= '1';
       else
       count <= count + 1;
        eoc <='0';
       end if;
    end if;
  end process p0;
```

```vhdl
p1: process (reset,clk,T,eoc)
  begin
  if (reset = '1') then
    state <= s0;
  elsif (clk'event and clk = '1' ) then
   if (eoc = '1') then
    case state is
        when s0 =>
            if (T ='1') then state <= s1;
              else state <= s6;
            end if;
        when s1 =>
            state <= s2;
        when s2 =>
            state <= s3;
        when s3 =>
            state <= s4;
        when s4 =>
            state <= s5;
        when s5 =>
            state <= s0;
        when s6 =>
            if (T='1') then state <= s0;
              else state <= s7;
            end if;
        when s7 =>
            state <= s6;
        when others =>
            state <= s0;
        end case;
     end if;
  end if;
  end process p1;

---Zustandsausgänge;
   lamps <= out_s0 when (state=s0) else
            out_s1 when state=s1    else
            out_s2 when state=s2    else
            out_s3 when state=s3    else
            out_s4 when state=s4    else
            out_s5 when state=s5    else
            out_s6 when state=s6    else
            out_s7 when state=s7    else
            out_s0;

   limit  <= lim_s0 when (state=s0) else
            lim_s1 when state=s1    else
            lim_s2 when state=s2    else
            lim_s3 when state=s3    else
            lim_s4 when state=s4    else
            lim_s5 when state=s5    else
            lim_s6 when state=s6    else
            lim_s7 when state=s7    else
            lim_s0;
end archAMPEL;
```

6-Bit Schieberegister mit vier Modi.
Verschiebung von LSB zu MSB, Verschiebung von MSB zu LSB, 2 Rückkopplungsketten.

```vhdl
--------------------------------------------------------------
-- SHIFT_REG2.
-- mode0 shift (LSB to MSB), mode1 shift (MSB to LSB)
-- mode2 Rückopplungskette 1, mode3 Switch in feedback chain 2
--------------------------------------------------------------
library ieee; use ieee.std_logic_1164.all;
use work.std_arith.all;

entity SHIFT_REG2 is port (
      count: INOUT STD_LOGIC_VECTOR (5 DOWNTO 0);  -- SR Ausgang
      init : IN STD_LOGIC_VECTOR (5 DOWNTO 0); -- Initialisierung
      si,load   : IN STD_LOGIC;   -- SR Eingang, load Eingang
      mode      : IN STD_LOGIC_VECTOR (1 DOWNTO 0);  -- mode
      clk       : IN STD_LOGIC;   -- Takt Eingang
      reset     : IN STD_LOGIC);  -- asynchr. reset (active 1)
end SHIFT_REG2;

architecture archSHIFT_REG2 of SHIFT_REG2 is
begin -- asynchr. reset , synch. load.
p1: process (reset,clk)
   begin
        if (reset = '1') then
          count <= "000000";
        elsif (clk'event and clk = '1' ) then
          if (load = '1') then
            count <= init;
          elsif (mode = "00") then        -- lsb   msb
            for i in 5 downto 1 loop
              count(i)<= count(i-1);      -- shift
            end loop;
            count(0)  <= si;
          elsif (mode = "01") then        -- msb   lsb
            for i in 5 downto 1 loop
              count(i-1)<= count(i);      -- shift
            end loop;
            count(5)  <= si;
           elsif (mode = "10") then       -- Rückkopplungskette 1
            for i in 5 downto 1 loop
              count(i)<= count(i-1);      -- shift
            end loop;
            count(0)  <= not count(5);    -- Johnston Zähler
           else                           -- Rückkopplungskette 2
            for i in 5 downto 1 loop
              count(i)<= count(i-1);      -- shift
            end loop;
            count(0)  <= count(5) xor count(4) xor count(3);- XOR
          end if;
        end if;
   end process p1;
end archSHIFT_REG2;
```

4-Bit Schieberegister mit parallelem Load und asynchronem Reset. (Parallel-Seriell-Wandler)

```
-- shiftregister0. Ladbar Schieberegister mit asynchron Reset
library ieee;
use ieee.std_logic_1164.all;

entity shiftregister0 is port (
   count : INOUT STD_LOGIC_VECTOR (3 DOWNTO 0); -- Registern
   init  : INOUT STD_LOGIC_VECTOR (3 DOWNTO 0); -- Wert zu laden
   si    : INOUT STD_LOGIC;    -- R Eingang
   load  : INOUT STD_LOGIC;    -- Ladsignal
   clk   : INOUT STD_LOGIC;    -- Takt
   reset : INOUT STD_LOGIC);   -- Reset
end shiftregister0;

architecture shiftregister0_arch of shiftregister0 is
begin
p1: process (reset,clk,count,load,init,si)
   begin
   if (reset = '1') then  count <= "0000"; -- Asynchrone Reset
   elsif (clk'event and clk = '1') then -- Steigender Takt warten
     if (load = '1') then  count <= init; -- SR laden
     else
        for i in 3 downto 1 loop
           count(i)<= count(i-1); -- schieben
        end loop;
        count(0) <= si;
     end if;
   end if;
   end process p1;
end shiftregister0_arch;
```

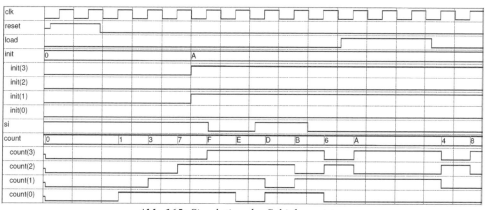

Abb. 165: Simulation des Schieberegisters

4-Bit Serielle Addierer.
Zwei 4-Bit-Zahlen sollen parallel gelesen und seriell addiert werden. Das Resultat soll samt Übertrag in ein Register geschrieben werden.

Lösung mit Moore-Automat:

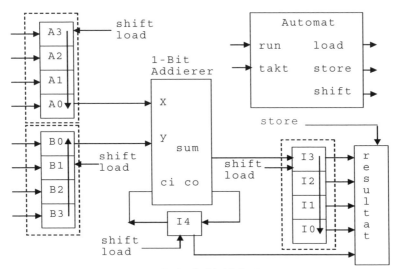

Abb. 166: Blockschaltbild des Lösungen

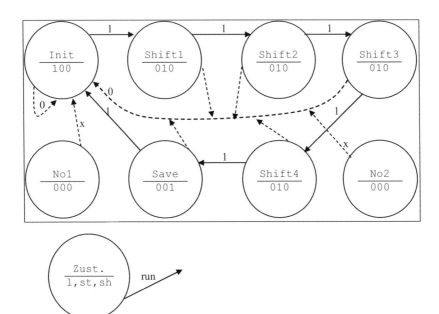

Abb. 167: Zustandsdiagramm der Lösungen

- zahlA und zahlB einlesen, I4 zurücksetzen (A0 + B0 + 0)
- sum in I3 schieben, C0 in I4 schieben, Register A und B schieben (A1 + B1 + Carry)
- sum in I3 schieben, C0 in I4 schieben, Register A und B schieben (A2 + B2 + Carry)
- sum in I3 schieben, C0 in I4 schieben, Register A und B schieben (A3 + B3 + Carry)
- sum in I3 schieben, C0 in I4 schieben, Register A und B schieben (A1 + B1 + Carry)
- I Register in R(3 downto 0) schreiben, I4 in R(4) schreiben

Der Controller ist einen Moore-Automat, mit zwei Eingängen und drei Ausgängen. Die Ausgänge werden gebraucht, um die Schieberegister und Addierer zu steuern. Folgende Signale werden gebraucht:
run: Um die Zustandsmaschine laufen zu lassen
load: Um die Zahlen in die Eingangs-Register zu laden.
shift: Um die Verschiebung zu gestatten
store: Um das Resultat in das Register R zu schreiben

```vhdl
-- 4-Bit Serielle Addierer mit Moore Automat
LIBRARY IEEE;
USE IEEE.std_logic_1164.ALL;

ENTITY addierer IS
PORT(
    takt,run : IN std_logic;
    resultat : OUT std_logic_vector (4 DOWNTO 0);
    zahla,zahlb : INOUT std_logic_vector (3 DOWNTO 0));
END addierer;

ARCHITECTURE arch_addierer OF addierer IS
SIGNAL state: std_logic_vector(2 DOWNTO 0); -- Für Zustände
SIGNAL inter: std_logic_vector(4 DOWNTO 0); -- Zwischenresultate
SIGNAL a,b: std_logic_vector(3 DOWNTO 0); -- Operanden
SIGNAL x,y,sum,ci,co,load,shift,store: std_logic; -- Interne

-- Zustände für den Automat definieren
CONSTANT init: std_logic_vector(2 DOWNTO 0):="000";
CONSTANT shift1: std_logic_vector(2 DOWNTO 0):="001";
CONSTANT shift2: std_logic_vector(2 DOWNTO 0):="010";
CONSTANT shift3: std_logic_vector(2 DOWNTO 0):="011";
CONSTANT shift4: std_logic_vector(2 DOWNTO 0):="100";
CONSTANT save: std_logic_vector(2 DOWNTO 0):="101";
CONSTANT no1: std_logic_vector(2 DOWNTO 0):="110";
CONSTANT no2: std_logic_vector(2 DOWNTO 0):="111";
```

```
BEGIN

reg: PROCESS (takt,load) -- Schieberegistern


BEGIN
    if (takt'event and takt = '0') then
        if (load = '1') then -- Operanden lesen (load)
            a <= zahla ; b <= zahlb ;
            inter <= (others => '0');
        elsif (shift = '1') then -- Schieben (shift)
            for i in 0 to 2 loop
                a(i)<= a(i+1); b(i)<= b(i+1);
                inter(i)<= inter(i+1);
            end loop;
            a(3) <= '0'; b(3) <= '0'; inter(3) <= sum;
            inter(4) <= co; -- Übertrag Bit
        end if;
        if (store = '1') then -- Resultat schreiben
            resultat <= inter;
        end if;
    end if;
END PROCESS reg;

-- Eingänge von 1-Bit Addierer
x <= a(0);
y <= b(0);
ci <= inter(4);

bitadd: PROCESS -- 1-Bit Addierer
BEGIN
    sum <= ((x XOR y) XOR ci); --Sum
    co <=  (x AND Y) OR (x AND ci) OR (y AND ci); -- Übertrag
END PROCESS bitadd;

automat: PROCESS(takt,run,state) -- Moore Automat
-- Speicher für Zustände und Berechnung für nächste Zustand
BEGIN
    IF (takt'event and takt='1') THEN
        CASE state IS
            WHEN init =>
                IF run = '1' THEN state <= shift1;
                ELSE  state <= init;
                END IF;
            WHEN shift1 =>
                IF run = '1' THEN state <= shift2;
                ELSE  state <= init;
                END IF;
            WHEN shift2 =>
                IF run = '1' THEN state <= shift3;
                ELSE  state <= init;
                END IF;
```

```
                    WHEN shift3 =>
                         IF run = '1' THEN state <= shift4;
                         ELSE  state <= init;
                    END IF;
                    WHEN shift4 =>
                         IF run = '1' THEN state <= save;
                         ELSE  state <= init;
                    END IF;
                    WHEN save => state <=    init;
                    WHEN OTHERS => state <= init;
               end CASE;
       END IF;
END PROCESS automat;

-- Ausgang Logik des Automates
load  <=  '1' WHEN (state = init) ELSE '0';
shift <= '0' WHEN ((state = init) OR (state = save)
                   OR (state = no1) OR (state = no2)) ELSE '1';
store <= '1' WHEN (state = save) ELSE '0';

END arch_addierer;
```

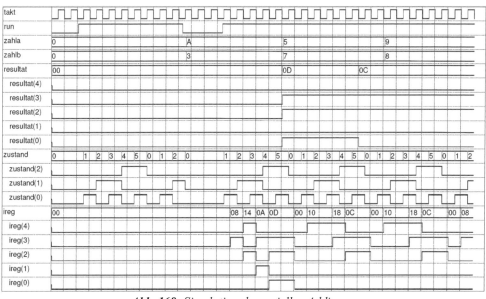

Abb. 168: Simulation des seriellen Addierers

4-Bit ALU mit Addition, Subtraktion, bitweise-OR, bitweise-NAND.

```vhdl
-- ALU. Einheit für arithmetische und logische Operationen
-- add,sub,or,nand
LIBRARY ieee;
USE ieee.std_logic_1164.ALL;
USE work.std_arith.ALL;

ENTITY alu IS PORT (
       op1 : IN STD_LOGIC_VECTOR (3 DOWNTO 0);   -- Operand1
       op2 : IN STD_LOGIC_VECTOR (3 DOWNTO 0);   -- Operand2
       cont: IN STD_LOGIC_VECTOR (1 DOWNTO 0);   -- Operationscode
       res : INOUT STD_LOGIC_VECTOR (4 DOWNTO 0)); -- Resultat +
Übertrag
END alu;

ARCHITECTURE archalu OF alu IS
BEGIN
  PROCESS
    BEGIN
      CASE cont IS
        WHEN "00" =>   -- Add
          res <= ('0' & op1) + ('0' & op2);
        WHEN "01" =>   -- Sub
          res <= ('0' & op1) - ('0' & op2);
        WHEN "10" =>   -- OR
          res <= '0' & (op1 OR op2);
        WHEN OTHERS =>  -- NAND
          res <= '0' & (op1 NAND op2);
      END CASE;
  END PROCESS;
END archalu;
```

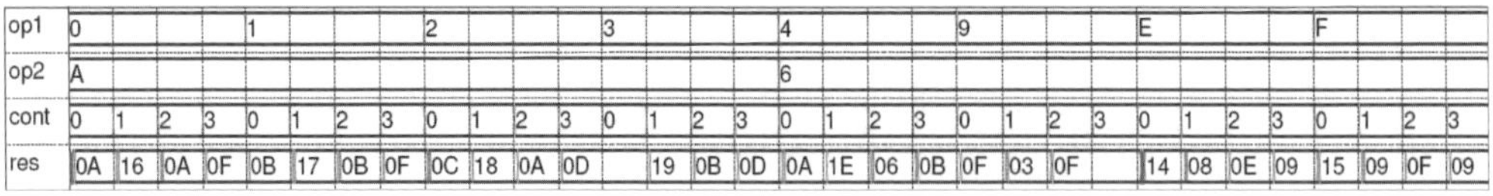

op1	0			1			2			3			4			9			E			F		
op2	A												6											
cont	0	1	2	3	0	1	2	3	0	1	2	3	0	1	2	3	0	1	2	3	0	1	2	3
res	0A	16	0A	0F	0B	17	0B	0F	0C	18	0A	0D	19	0B	0D	0A	1E	06	0B	0F	03	0F	14	08 0E 09 15 09 0F 09

Abb. 169: *Simulation des ALU*

A

Anhang A

Symbole und Anschlussbilder

IEC-Symbole und Anschlussbilder

Auf den folgenden Seiten sind die IEC-Symbole und die Anschlussbelegungen einiger gebräuchlicher Bausteine der Digitaltechnik abgebildet. Die Anschlussnummern gelten für Bausteine im klassischen Dual-In-Line-Gehäuse (abgekürzt auch DIL-Gehäuse oder manchmal auch DIP für „dual in line package" genannt), und zwar für alle gebräuchlichen Familien der Reihen 74xx bzw. 54xx.

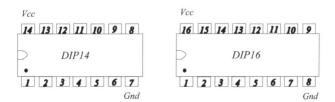

Abb. 170: Anschluss-Nummerierung bei DIL-Gehäusen

V_{CC} und GND bezeichnen die Betriebsspannungsanschlüsse, die bei praktisch allen Bausteinen die gleichen Anschlüsse belegen.

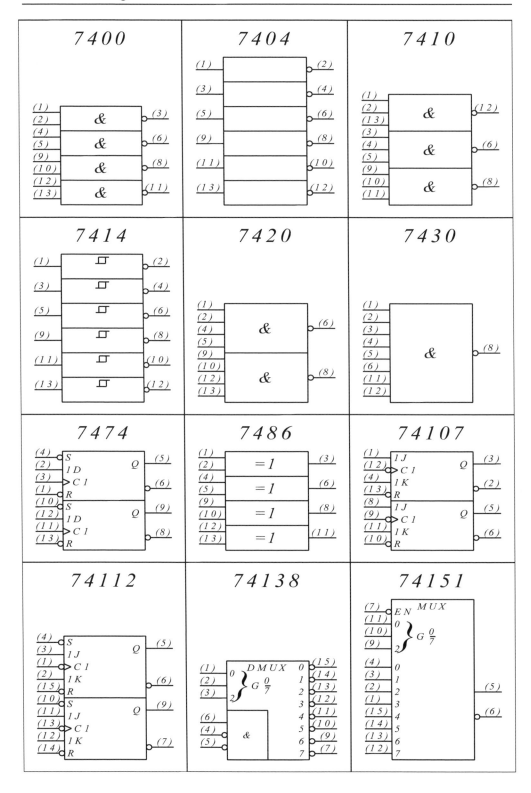

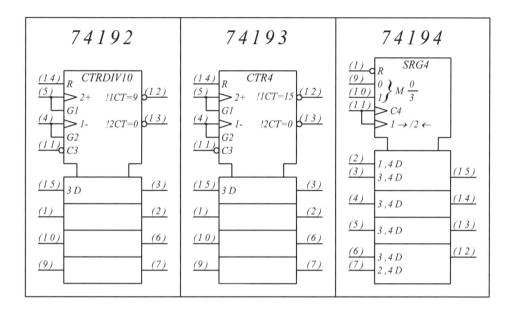

In der IEC-Norm 617-12 findet man die genauen Angaben über die Bedeutung aller Zeichen und Buchstaben, die in den Schaltsymbolen für digitale Bausteine verwendet werden. Eine Einführung in die Norm findet man auch in den Datenbüchern verschiedener Hersteller (z.B. Texas Instruments).

Ältere Symbole

In der Literatur und leider auch in vielen Datenbüchern findet man noch teilweise die früher üblichen Symbole. Man unterscheidet dabei noch zwischen den in Europa üblichen DIN-Symbolen und den amerikanischen Symbolen. Die nachfolgende Übersicht zeigt die wichtigsten älteren Symbole und ihre IEC-Entsprechungen.

Inverter

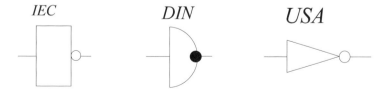

***Abb. 171**: Inverter-Symbole*

AND-Gatter

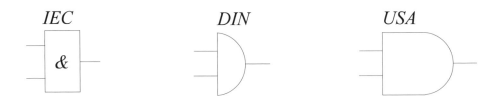

Abb. 172: *Symbole für AND-Gatter*

OR-Gatter

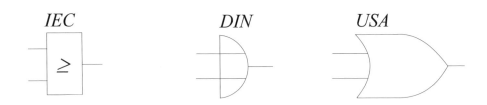

Abb. 173: *Symbole für OR-Gatter*

EXOR-Gatter

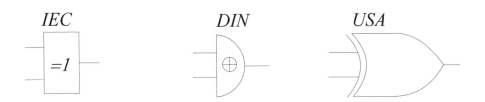

Abb. 174: *Symbole für XOR-Gatter*

NAND-, NOR- und EX-NOR-Gatter weisen am Ausgang des Gatters in Analogie zum Invertersymbol einen Inversionskreis bzw. einen Inversionspunkt (bei den DIN-Symbolen) auf.

B

Anhang B:

Lösungen der Aufgaben

Die Lösungen der Übungsaufgaben sind in diesem Anhang zusammengefasst. Sie sind relativ ausführlich gehalten und dienen so nicht nur der Kontrolle der eigenen Lösung, sondern auch als zusätzliche Beispiele. Es lohnt sich deshalb in jedem Fall, einmal einen Blick in diesen Anhang zu werfen, auch wenn man die Übungsaufgaben nicht selbst gelöst hat.

Aufgabe 1.1

Man wandle folgende Dezimalzahlen im 8-Bit binäre Zahlen um.
87, 134, 216, 23, 78

Lösung:

87:2 = 43 R=1
43:2 = 21 R=1
21:2 = 10 R=1
10:2 = 5 R=0
 5:2 = 2 R=1
 2:2 = 1 R=0
 1:2 = 0 R=1

01010111,10000110,11011000,00010111,01001110

Aufgabe 1.2

Man wandle folgende 8-Bit binäre Zahlen in dezimale, hexadezimale und oktale Zahlen um. 00110101, 01101010, 10000001, 10111011, 11011110

Lösung:

00110101 = 3*16 + 5*1 = 35h
00110101 = 0*128 + 0*64 + 1*32 + 1*16 + 0*8 + 1*4 + 0*2 + 1*1 = 32+16+4+1= 53d
00110101 = 0*64 + 6*8 + 5*1 = 65o

35h 53d 65o, 6Ah 106d 152o, 81h 129d 201o, BBh 187d 273o, DEh 222d 336o

Aufgabe 1.3

Man zeichne einen 4-Bit Zahlenring mit vorzeichenlosen und vorzeichenbehafteten Zahlen.

Lösung: (Abb. 175)

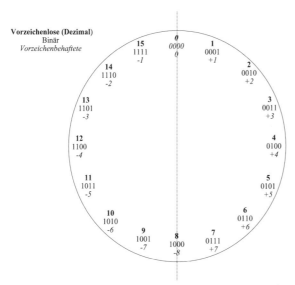

Abb. 175: *Lösung Aufgabe 1.3*

Aufgabe 1.4

Man berechne folgende Operationen (8-Bit hexadezimale Zahlen) für vorzeichenlose und vorzeichenbehaftete Zahlen. Overflow Bit und Carry oder Borrow (je nach Operation) sollen auch berechnet werden.

```
F2 + A3    F2 - A3    A3 - F2
62 + 2C    62 - 2C    2C - 62
35 + 50    35 - 50    50 - 35
01 + F3    01 - F3    F3 - 01
80 + 03    80 - 03    03 - 80
70 + A7    70 - A7    A7 - 70
```

Lösung:

```
    11110010 (F2)         11110010  (F2)         10100011  (A3)
 + 10100011 (A3)       - 10100011  (A3)       - 11110010  (F2)
 ----------------      ------------------     ------------------
  1 10010101 (S)        0 01001111 (D)         1 10110001 (D)
   11100010 (C)           00001111 (B)           11110000 (B)
C=1, O=1 $ 1= 0        B=0, O=0 $ 0 = 0       B=1, O=1 $ 1 = 0
```

95h C=1 O=0, 4Fh B=0 O=0, B1h B=1 O=0
8Eh C=0 O=1, 36h B=0 O=0, CAh B=1 O=0
85h C=0 O=1, E5h B=1 O=0, 1Bh B=0 O=0
F4h C=0 O=0, 0Eh B=1 O=0, F2h B=0 O=0
83h C=0 O=0, 7Dh B=0 O=1, 83h B=1 O=1
17h C=1 O=0, C9h B=1 O=1, 37h B=0 O

Aufgabe 2.1

Man wandle unter Anwendung der Schaltalgebra die DNF (A & !B) # (!A & B) in die KNF um.

Lösung:

(A & !B) # (!A & B) = ((A & !B) # !A) & ((A & !B) # B)
= ((A # !A) & (!B # !A)) & ((A # B) & (!B # B))
= **(A # B) & (!A # !B)**

Aufgabe 2.2

Man wandle den Ausdruck A & (B # D) in eine DNF um (die Variable C kommt auch vor).

Lösung:

Der gegebene Ausdruck kann in Form einer Wahrheitstabelle dargestellt werden, die dann in einer DNF ausgedrückt wird. Daraus ergibt sich schliesslich:

A & (B # D) = (A & B & C & D) # (A & B & C & !D) # (A & B & !C & D)
(A & B & !C & !D) # (A & !B & C & D) # (A & !B & !C & D)

Aufgabe 2.3

Man entwerfe eine nur aus NAND-Gliedern bestehende Schaltung zur Realisierung der EX-OR-Verknüpfung A $ B.

Lösung:

Es gibt hier zwei mögliche Lösungen, die in der folgenden Abbildung gezeigt werden. Die linke Schaltung wurde aus der DNF entwickelt, die rechte Schaltung ist vom Aufwand her gesehen etwas günstiger und wurde eher intuitiv entworfen.

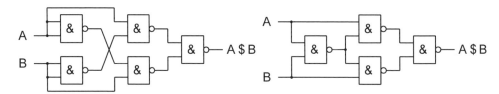

Abb. 176: Lösung der Aufgabe 2.3 (Schema)

Aufgabe 2.4

Oktal-Zahlen umfassen nur die Ziffern 0 ... 7. Man entwerfe die vereinfachten Schaltfunktionen zur Darstellung von Oktal-Zahlen auf einer 7-Segment-Anzeige. Die Eingangsgrössen seien E2, E1 und E0 (E2 = MSB, E0 = LSB).

Lösung:

Abb. 177: Muster-Konventionen für die Siebensegment-Anzeige

Für die Erarbeitung der Lösung werden die oben stehenden Konventionen angewendet. Zunächst wird eine Wahrheitstabelle für die sieben gesuchten Funktionen a ... g aufgestellt:

#	E2	E1	E0	a	b	c	d	e	f	g
0	0	0	0	1	1	1	1	1	1	0
1	0	0	1	0	1	1	0	0	0	0
2	0	1	0	1	1	0	1	1	0	1
3	0	1	1	1	1	1	1	0	0	1
4	1	0	0	0	1	1	0	0	1	1
5	1	0	1	1	0	1	1	0	1	1
6	1	1	0	1	0	1	1	1	1	1
7	1	1	1	1	1	1	0	0	0	0

Diese Werte müssen nun zur Vereinfachung der Funktionen in entsprechende Karnaugh-Diagramme übertragen werden.

Hier die Karnaugh-Diagramme und die vereinfachten Funktionen:

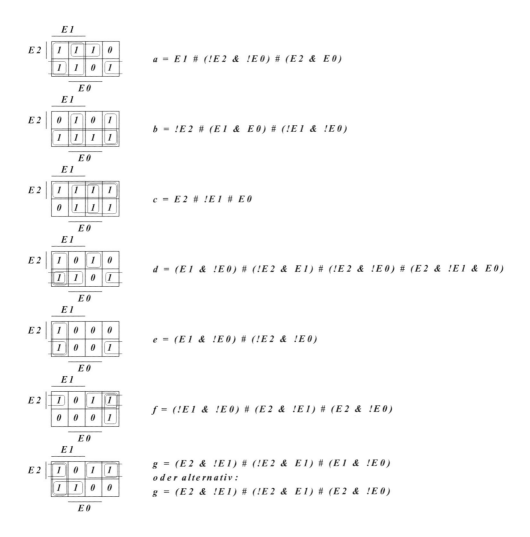

Abb. 178: Karnaugh-Diagramme und vereinfachte Funktionen zu Aufgabe 2.4

Aufgabe 2.5

Man vereinfache für die in der Theorie behandelte BCD-Anzeige die Funktionen für die Segmente "b" bis "g".

Lösung:

b = !X2 # (X1 & X0) # (!X1 & !X0)

c = X2 # !X1 # X0

d = X3 # (!X2 & X1) # (X1 & !X0) # (!X2 & !X0) # (X2 & !X1 & X0)

e = (!X2 & !X0) # (C1 & !X0)

f = X3 # (X2 & !X1) # (X2 & !X0) # (!X1 & !X0)

g = X3 # (X2 & !X1) # (!X2 & X1) # (X1 & !X0)
  = X3 # (X2 & !X1) # (!X2 & X1) # (X2 & !X0)

Auch bei dieser Aufgabe ergeben sich für das Segment "g" zwei gleichwertige Alternativen.

Aufgabe 2.6

Zur Ansteuerung einer Lampe soll eine logische Schaltung entwickelt werden. Die Lampe L soll genau dann leuchten, wenn mindestens zwei der vier Eingangsvariablen A, B, C und D wahr sind und A dabei gleichzeitig wahr ist, oder genau dann, wenn mindestens drei Eingangsvariablen 0 sind und dabei C verschieden von D ist. Verlangt ist eine vereinfachte disjunktive Form.

Lösung:

Aufstellen einer Wahrheitstabelle anhand der in der Aufgabenstellung formulierten Schaltbedingungen, Karnaugh-Diagramm ausfüllen und die vereinfachte Funktion herauslesen:

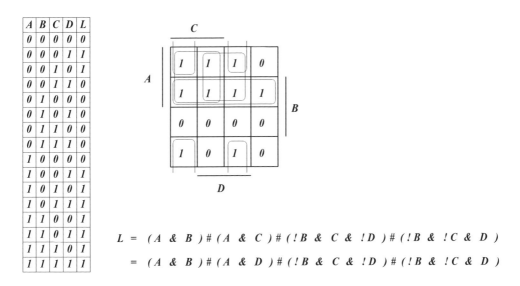

Abb. 179: *Wahrheitstabelle und Karnaugh-Diagramm zu Aufgabe 2.6*

Auch in dieser Aufgabe ergeben sich zwei von der logischen Aussage wie auch vom Aufwand her gleichwertige Lösungen.

Aufgabe 2.7

Folgende Funktionen sollen in die einfachste disjunktive Form gebracht werden:

a) F = (A#!B#C)&(!A#B#!C)&(!A#!B#C)

Lösung:

Durch Anwendung des Satzes von Shannon erhalten wir für die Negation unserer Funktion:

!F = (!A&B&!C)#(A&!B&C)#(A&B&!C)

Diese disjunktive Form können wir in ein Karnaugh-Diagramm übertragen, indem wir die angesprochenen Felder mit 0 füllen (die obige Funktion ist ja !F) und anschliessend die Funktion vereinfachen. Als Resultat erhalten wir wiederum zwei gleichwertige Lösungen:

F = (B&C)#(!B&!C)#(!A&!B)
  = (B&C)#(!B&!C)#(!A&C)

b) F = (C&((B&!D)#(!B&D)))#(!A&C&(B#D))#(C&D&(A#B))
       #(A&D&(!B#!C))#(A&B)

Lösung:

Mit Hilfe der Schaltalgebra kann diese Funktion zunächst in eine rein disjunktive Form umgewandelt werden:

F = (C&B&!D)#(C&!B&D)#(!A&C&B)#(!A&C&D)#(C&D&A)
    #(C&D&B)#(A&D&!B)#(A&D&!C)#(A&B)

Diese Blöcke können direkt in ein Karnaugh-Diagramm eingetragen werden. Für die solchermassen vereinfachte Funktion erhalten wir:

F = (A&B)#(C&D)#(A&D)#(B&C)

c) F = ((!B#(A&!C))&(B#C))#((C#!D)&(!C#(A&D)))

Lösung:

Der Ausdruck kann zunächst wie folgt umgeformt werden:

F = ((!B#A)&(!B#!C)&(B#C)) # ((C#!D)&(!C#A)&(!C#D))

Wir führen zwei neue Funktionen F1 und F2 ein:

F1 = (!B#A)&(!B#!C)&(B#C)

F2 = (C#!D)&(!C#A)&(!C#D)

Es gilt also auch: F = F1 # F2

Unter Anwendung des Satzes von Shannon können wir leicht die negierten Funktionen !F1 und !F2 bestimmen. Wie in Aufgabe 2.7a) können wir für die Funktionen F1 und F2 je ein Karnaugh-Diagramm ausfüllen. Da die gesuchte Funktion F die OR-Verknüpfung der Funktionen F1 und F2 ist, können wir im Karnaugh-Diagramm für F in allen Feldern eine 1 eintragen, in denen bei F1 oder bei F2 eine 1 steht. Schliesslich können wir die vereinfachte disjunktive Form bestimmen:

F = (!B & C) # (!C & !D) # (A & B & D)

Aufgabe 2.8

Zwei Faktoren A und B haben je den Wertebereich 0 ... 3. Mit einer Multiplikationslogik soll das Produkt P (Wertebereich 0 ... 9) der beiden Faktoren gebildet werden. Die Faktoren und das Produkt seien binär codiert. Am Ausgang Z soll ausserdem angezeigt werden, ob das Produkt eine gerade (Z = 1) oder eine ungerade (Z = 0) Zahl ist. Ist das Produkt gleich Null, so gilt Z = 1. Gesucht sind die vereinfachten disjunktiven Formen für P (P3, P2, P1 und P0) und Z sowie eine Schaltungsrealisierung. Es stehen dafür nur NAND-Glieder mit je zwei Eingängen zur Verfügung.

Lösung:

Aufstellen der Wahrheitstabelle:

A	A1	A0	B	B1	B0	P	P3	P2	P1	P0	Z
0	0	0	0	0	0	0	0	0	0	0	1
0	0	0	1	0	1	0	0	0	0	0	1
0	0	0	2	1	0	0	0	0	0	0	1
0	0	0	3	1	1	0	0	0	0	0	1
1	0	1	0	0	0	0	0	0	0	0	1
1	0	1	1	0	1	1	0	0	0	1	0
1	0	1	2	1	0	2	0	0	1	0	1
1	0	1	3	1	1	3	0	0	1	1	0
2	1	0	0	0	0	0	0	0	0	0	1
2	1	0	1	0	1	2	0	0	1	0	1
2	1	0	2	1	0	4	0	1	0	0	1
2	1	0	3	1	1	6	0	1	1	0	1
3	1	1	0	0	0	0	0	0	0	0	1
3	1	1	1	0	1	3	0	0	1	1	0
3	1	1	2	1	0	6	0	1	1	0	1
3	1	1	3	1	1	9	1	0	0	1	0

Nach Vereinfachung mit Hilfe von Karnaugh-Diagrammen resultieren die folgenden Funktionen:

P3 = A1 & A0 & B1 & B0
P2 = (A1&!A0&B1) # (A1&B1&!B0)
P1 = (A1&!A0&B0) # (A1&!B1&B0) # (A0&B1&!B0) # (!A1&A0&B1)
P0 = A0 & B0
Z = !P0 = !A0 # !B0

Da zur Realisierung nur NAND-Glieder mit zwei Eingängen zur Verfügung stehen, ist keine direkte Realisierung in zwei Schichten möglich.

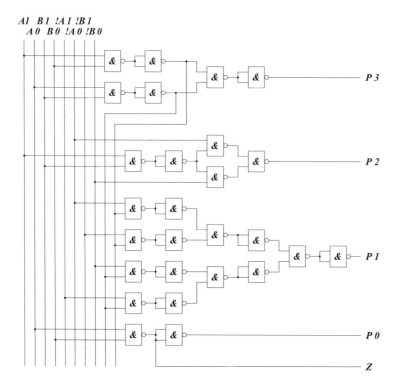

Abb. 180: *Schaltung zu Aufgabe 2.8*

Aufgabe 2.9

Vier Kessel H1 ... H4 werden elektrisch beheizt. H1 und H2 haben eine Leistung von je 50 kW, H3 und H4 eine solche von je 100 kW. Die elektrische Zuleitung ist jedoch nur für total 200 kW ausgelegt. Wenn ein Kessel eingeschaltet wird, so wird ein Umschaltkontakt Hi (i=1 ... 4) umgelegt; beim Ausschalten des Kessels kehrt der Kontakt in seine Ruhelage zurück. Man entwickle eine möglichst einfache Schaltung, die anzeigt, wenn ein Kessel mit niedriger Leistung nicht eingeschaltet werden darf (Signal WN) und wenn ein Kessel mit hoher Leistung nicht eingeschaltet werden darf (Signal WH). Das Signal WN hat keine Bedeutung, wenn schon beide Kessel mit niedriger Leistung eingeschaltet sind; das Analoge gilt für das Signal WH. Verlangt ist eine vollständige Schaltung mit allen notwendigen Bauteilen.

Lösung:

Für die vereinfachten Schaltfunktionen findet man:

WH = (H4 & H2) # (H4 & H1) # (H3 & H2) # (H3 & H1)
WN = H4 & H3

Vollständige Schaltung:

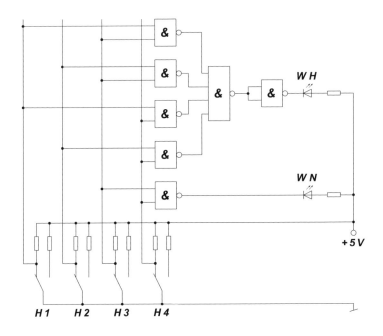

Abb. 181: Schaltung zu Aufgabe 2.9

Aufgabe 2.10

Man entwickle je einen Code-Wandler Binär → Gray und Gray → Binär für 4 Bits. Gesucht sind die einfachsten Realisierungen.

Lösungen:

G3 = B3   B3 = G3

G2 = B3 $ B2   B2 = G3 $ G2 = B3 $ G2

G1 = B2 $ B1   B1 = G3 $ G2 $ G1 = B2 $ G1

G0 = B1 $ B0   B0 = G3 $ G2 $ G1 $ G0 = B1 $ G0

Hinweis: Schachbrettartige Muster im Karnaugh-Diagramm oder disjunktive Ausdrücke der Art (A & !B) # (!A & B) deuten in der Regel auf EX-OR-Funktionen! Die einfachste Realisierung des Wandlers Gray → Binär geschieht rekursiv unter Verwendung von EX-OR-Gliedern.

Aufgabe 2.11

Man entwickle einen Code-Wandler, der den Excess-3-Code in den normalen BCD-Code umwandelt. Verlangt sind die einfachsten disjunktiven Formen.

Lösung:

B3 = (E3 & E2) # (E3 & E1 & E0)

B2 = (!E2 & !E0) # (!E2 & !E1) # (E1 & E2 & E0)

B1 = (E1 & !E0) # (!E1 & E0) = E1 $ E0

B0 = !E0

Aufgabe 2.12

Man versuche, eine Addierschaltung für eine Stelle zu entwerfen. Verlangt sind die Wahrheitstabelle, die vereinfachten disjunktiven Formen und die Realisierung mit beliebigen Gliedern.

Lösung:

In der nebenstehenden Wahrheitstabelle bedeuten die Variablen A und B die beiden Summanden, CI (carry input) den Übertrag der vorhergehenden Stelle, R das Resultat-Bit und CO (carry output) das Übertrags-Bit für die nächste Stelle.

A	B	CI	R	CO
0	0	0	0	0
0	0	1	1	0
0	1	0	1	0
0	1	1	0	1
1	0	0	1	0
1	0	1	0	1
1	1	0	0	1
1	1	1	1	1

Für die vereinfachten disjunktiven Formen erhalten wir:

R = (!A&!B&CI)#(!A&B&!CI)#(A&!B&!CI)#(A&B&CI) = A $ B $ CI

CO = (A&B)#(A&CI)#(B&CI)

Die Realisierung der Funktion R geschieht am einfachsten mit EX-OR-Gates (z.B. mit 7486); CO wird klassisch mit NAND-Gliedern realisiert. Da es sich bei der Addition von Binärzahlen um eine relativ häufige Operation handelt, gibt es entsprechende TTL-Bausteine wie den 7480 (1-Bit-Volladdierer), der genau gemäss dem beschriebenen Prinzip arbeitet. Im Datenbuch kann die Innenschaltung gefunden werden.

Aufgabe 2.13

Wie wird ein Addierwerk für mehrstellige Binärzahlen realisiert?

Lösung:

Zusammenschaltung mehrerer 1-Bit-Volladdierer gemäss der folgenden Skizze.

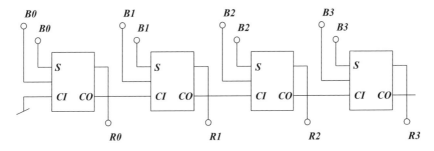

Abb. 182: 4-stellige Addierschaltung (Aufgabe 2.13)

Aufgabe 2.14

Man prüfe das Verfahren von Quine/McCluskey für das Beispiel von Seite 41 (Segment "e" der Anzeige für BCD-Ziffern) nach und verifiziere die dort gefundenen Primterme.

Lösung:

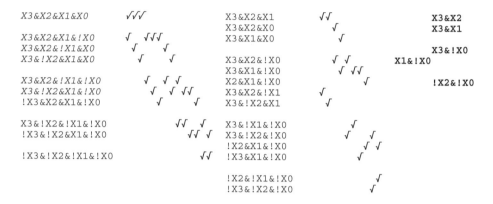

Die gleichgültigen Minterme sind in der linken Spalte kursiv gedruckt. Der Übersichtlichkeit halber wurden in der obigen Darstellung nur noch die erfolgreichen Vergleichsoperationen mit √ markiert. Die fettgedruckten Terme in der Spalte ganz rechts wurden nicht abgehakt; es handelt sich dabei also um Primterme.

Aufgabe 3.1

Ein D-Latch mit der Rückführung D = !Q oszilliert, solange der Takteingang auf 1 liegt. Man zeichne eine entsprechende Schaltung mit NAND-Gliedern, untersuche die genauen zeitlichen Verläufe der Signale und bestimme daraus die Frequenz der entstehenden Schwingung.

Lösung:

Es sind verschiedene Schaltungen möglich, beschränken wir uns auf die nachstehende, wie sie in Abb. 183 gezeigt wird.

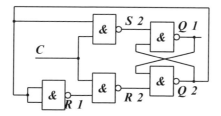

Abb. 183: D-Latch mit D=!Q (Aufgabe 3.1)

Die zeitliche Analyse einer solchen Schaltung kann mit Hilfe eines kleinen Turbo-Pascal-Programmes erfolgen. Dazu führen wir für alle Signale Bezeichnungen ein. Damit können wir die logischen Gleichungen formulieren:

$Q1(n+1) = !(Q2(n)\ \&\ S2(n))$ $\qquad Q2(n+1) = !(Q1(n)\ \&\ R2(n))$
$S2(n+1) = !(C(n)\ \&\ Q2(n))$ $\qquad R2(n+1) = !(C(n)\ \&\ R1(n))$
$R1(n+1) = !Q2(n)$

Bei dieser Schreibweise wurde berücksichtigt, dass das Signal, das am Ausgang eines NAND-Gliedes erscheint, von den Werten an den Eingängen zu einem um die Verzögerungszeit t_{pd} zurückliegenden Zeitpunkt abhängig ist. Im Pascal-Programm definieren wir ein Array of Boolean für jedes Signal. Aufeinander folgende Array-Werte entsprechen dabei den Signalwerten zu im Abstand t_{pd} auseinander liegenden Zeitpunkten. Das Signal C ist ein unabhängiges Eingangssignal, muss also vor Beginn der Rechnung definiert werden. In einer FOR-Schleife werden nun die oben notierten logischen Gleichungen berechnet. Am Ende liegen die gerechneten Signalwerte in den Arrays vor und müssen nur noch für eine Ausgabe aufbereitet werden. Im Programm wird das für eine Bildschirm- oder Druckerausgabe gemacht. Anschliessend folgt das Listing dieses Programms.

```
const np=40;   { Anzahl zu rechnende Punkte }

type   TAbool=array[0..np] of boolean;

var    c,r1,s2,r2,q1,q2:       TAbool;
       i:                      integer;

{*** lokale Funktion für die Ausgabe definieren ***}
function bool2str(a:TAbool):string;
var i:integer;
    h:string;
begin
  h:='';
  for i:=0 to np do if a[i] then h:=h+chr(219) else h:=h+'_';
  bool2str:=h;
end;

{*** Beginn des Hauptprogrammes ***}
begin
  {*** Taktsignal erzeugen ***}
  for i:=0 to 5 do c[i]:=false;
  for i:=6 to np do c[i]:=true;

  {*** Anfangswerte festlegen (widerspruchsfrei) ***}
  q1[0]:=true;
  q2[0]:=false;
  s2[0]:=true;
  r2[0]:=true;
  r1[0]:=true;

  {*** Gleichungen durchrechnen für jeden Zeitpunkt ***}
  for i:=0 to np-1 do begin
    r1[i+1]:=NOT q2[i];
    r2[i+1]:=NOT (c[i] AND r1[i]);
    s2[i+1]:=NOT (c[i] AND q2[i]);
    q1[i+1]:=NOT (q2[i] AND s2[i]);
    q2[i+1]:=NOT (q1[i] AND r2[i]);
  end;

  {*** Resultate ausgeben ***}
  writeln('C:   ',bool2str(c));writeln;
  writeln('Q1:  ',bool2str(q1));writeln;
  writeln('Q2:  ',bool2str(q2));writeln;
  writeln('S2:  ',bool2str(s2));writeln;
  writeln('R1:  ',bool2str(r1));writeln;
  writeln('R2:  ',bool2str(r2));writeln;
  readln; { auf Tastendruck warten }
end.
```

Bei Bedarf kann die Ausgabe natürlich auch auf den Drucker umgeleitet werden. Bei Verwendung von entsprechenden Grafik-Routinen sind auch optisch ansprechendere Bilder möglich, wie hier an diesem Beispiel gezeigt wird (die folgende Zeichnung wurde vollständig durch ein Pascal-Programm erzeugt):

Man erkennt, dass die Periodendauer der Ausgangssignale $6 \cdot t_{pd}$ beträgt; bei TTL-Schaltungen (t_{pd} = 10 ns) wäre also eine Frequenz von ca. 16.7 MHz zu erwarten.

Lösungen der Aufgaben

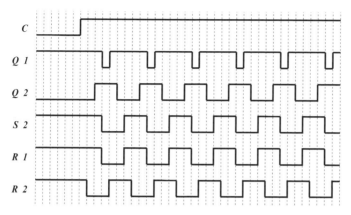

Abb. 185: *Simulierte Signalverläufe zu Aufgabe 3.1*

Aufgabe 3.2

Die nachstehende Schaltung ist eine alternative Möglichkeit zur Realisierung eines flankengetriggerten D-Flip-Flops. Man analysiere das Verhalten dieser Schaltung, indem man die genauen zeitlichen Verläufe der Signale A ... Q für die verschiedenen Möglichkeiten der Eingangssignale untersucht. (Q = 0, D = 1, C wechselt von 0 auf 1, C wechselt wieder von 1 auf 0, D = 0, C wechselt wieder von 0 auf 1 etc. ...)

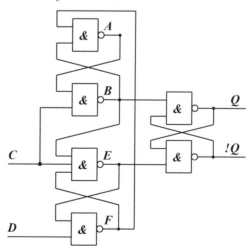

Abb. 184: *Flankengetriggertes D-Flip-Flop (Aufgabe 3.2)*

Lösung:

Die gleiche Analysemethode, wie sie in Aufgabe 3.1 verwendet wurde, führt zu den

Zeitverläufen der Signale, wie sie in Abb. 186 dargestellt sind.

Man sieht, dass ein Wechsel beim Eingang D in den Eingangs-Flip-Flops zwischengespeichert wird und diese Daten unmittelbar nach der steigenden Flanke des Taktsignals an den Ausgang übertragen werden.

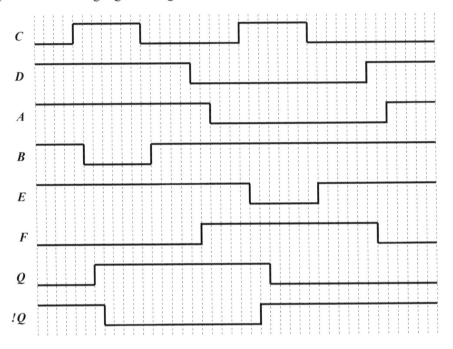

Abb. 186: Signalverläufe beim D-Flip-Flop (Aufgabe 3.2)

Aufgabe 3.3

Was spielt sich genau ab in einem JK-Master-Slave-Flip-Flop, wenn während der Zeit, da das Taktsignal auf 1 liegt, z.B. der Eingang J von 0 auf 1 und wieder zurück wechselt? Vergleiche dazu die Fussnote 9 in Abschnitt 3.4.3 zum Thema Data Lockout!

Lösung:

Betrachten wir das folgende JK-MS-Flip-Flop, das vollständig aus NAND-Gliedern zusammengesetzt ist:

Lösungen der Aufgaben 247

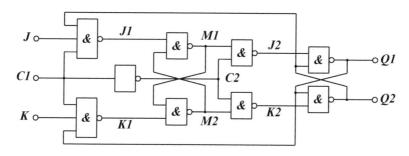

Abb. 187: JK-MS-Flip-Flop (Aufgabe 3.3)

Die bereits bekannte Methode führt hier zu den folgenden Signalverläufen:

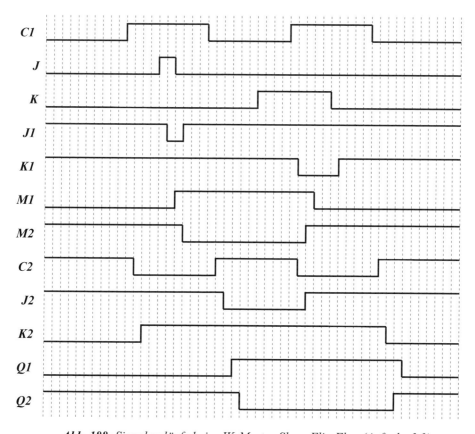

Abb. 188: Signalverläufe beim JK-Master-Slave-Flip-Flop (Aufgabe 3.3)

Das Flip-Flop ist im Ausgangszustand im Zustand 0. Zum Zeitpunkt der steigenden Taktflanke sind sowohl J als auch K gleich 0, das Flip-Flop müsste eigentlich seinen Zustand beibehalten. Der kurze Impuls am Eingang J führt aber dazu, dass das Master-Flip-Flop kippt und dies nicht rückgängig macht, nachdem der Eingang J wieder auf 0 zurückgegangen ist. Das Flip-Flop macht also nicht genau das, was man von ihm eigentlich erwarten würde. Aus diesem Grund werden Flip-Flops mit Data-Lockout gebaut, die die Eingangssignale mit der steigenden Flanke in den Master übernehmen und sie dann mit der fallenden Flanke in den Slave übertragen. Änderungen an den Eingängen zwischen den beiden Taktflanken wirken sich nicht aus. Häufig spricht man deshalb auch von zweiflankengetriggerten Flip-Flops.

Aufgabe 3.4

Wie verläuft in der folgenden Schaltung das Ausgangssignal Y? Was könnte der Sinn einer solchen Schaltung sein?

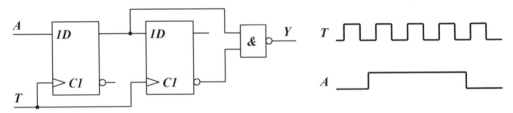

Abb. 189: *Schaltung zu Aufgabe 3.4*

Lösung:

Wir verwenden ein synchrones Monoflop, wie es in Abschnitt 6.2.2 beschrieben ist.

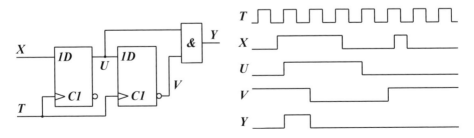

Abb. 190: *Synchrones Monoflop*

Aufgabe 3.5

*Man suche in der Literatur (Datenbücher von Texas Instruments oder National Semiconductors) die Begriffe **setup time** und **hold time** und erkläre sie in verständlicher Form. Wie gross wären diese Zeiten z.B. für das in Aufgabe 16 vorgestellte D-Flip-Flop?*

Lösung:

Die **setup time** ist die Zeit, während der das Eingangssignal (D oder J bzw. K) vor dem Eintreffen der wirksamen Taktflanke stabil anliegen muss, damit das Flip-Flop richtig schaltet. Die **hold time** gibt demnach an, wie lange das Eingangssignal sich auch nach der Taktflanke nicht ändern darf.

Im Beispiel wäre die *setup time* 2 t_{pd}, die *hold time* wäre 0.

Aufgabe 4.1

Man realisiere einen synchronen 3-Bit-Zähler im natürlichen Binärcode unter Verwendung von RS-Master-Slave-Flip-Flops. Es ist darauf zu achten, dass der Zustand R = S = 1 nie auftreten darf.

Lösung:

Der Entwurf eines Zählers mit RS-Flip-Flops geschieht genau gleich wie der eines Zählers mit JK-Flip-Flops. Zunächst muss die Übergangstabelle des RS-Flip-Flops entwickelt werden; hier muss die Nebenbedingung, dass der Zustand R = S = 1 verboten ist, berücksichtigt werden.

Übergang	R	S
0 → 0	X	0
0 → 1	0	1
1 → 1	0	X
1 → 0	1	0

Nun kann in gewohnter Weise die Zählertabelle erstellt werden:

Z2	Z1	Z0	R2	S2	R1	S1	R0	S0
0	0	0	X	0	X	0	0	1
0	0	1	X	0	0	1	1	0
0	1	0	X	0	0	X	0	1
0	1	1	0	1	1	0	1	0
1	0	0	0	X	X	0	0	1
1	0	1	0	X	0	1	1	0
1	1	0	0	X	0	X	0	1
1	1	1	1	0	1	0	1	0
0	0	0						

Für die vereinfachten disjunktiven Formen der Steuerfunktionen R_i und S_i erhalten wir schliesslich mit Hilfe von Karnaugh-Diagrammen:

R2 = Z2 & Z1 & Z0   **R1 = Z1 & Z0**   **R0 = Z0**
S2 = !Z2 & Z1 & Z0   **S1 = !Z1 & Z0**   **S0 = !Z0**

Aufgabe 4.2

Man entwerfe einen synchronen Zähler mit JK-Flip-Flops für die Zählsequenz 0 - 1 - 2 - 3 - 4 - 5 - 0 - 1 ... . Verlangt wird die Zählerlogik und das Zustandsdiagramm.

Lösung:

Unter Verwendung der Übergangstabelle für das JK-Flip-Flop erhalten wir die folgende Zählertabelle:

Z2	Z1	Z0	J2	K2	J1	K1	J0	K0
0	0	0	0	X	0	X	1	X
0	0	1	0	X	1	X	X	1
0	1	0	0	X	X	0	1	X
0	1	1	1	X	X	1	X	1
1	0	0	X	0	0	X	1	X
1	0	1	X	1	0	X	X	1
0	0	0						

Mit Hilfe von Karnaugh-Diagrammen erhalten wir die folgenden vereinfachten disjunktiven Formen:

J2 = Z1 & Z0   J1 = !Z2 & Z0   J0 = 1
K2 = Z0   K1 = Z0   K0 = 1

Für das vollständige Zustandsdiagramm erhalten wir demnach:

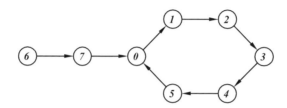

Abb. 191: *Zustandsdiagramm für den Zähler von Aufgabe 4.2*

Aufgabe 4.3

Gesucht ist das vollständige Zustandsdiagramm des durch die folgenden Funktionen beschriebenen synchronen Zählers: JA = KA = !D, JB = D, KB = !A, JC = B, KC = !B, JD = C, KD = !C. Dabei gilt: A = LSB, D = MSB.

Lösung:

Zählertabelle:

Z	D	C	B	A	JD	KD	JC	KC	JB	KB	JA	KA	D*	C*	B*	A*	Z*
0	0	0	0	0	0	1	0	1	0	1	1	1	0	0	0	1	1
1	0	0	0	1	0	1	0	1	0	0	1	1	0	0	0	0	0
2	0	0	1	0	0	1	1	0	0	1	1	1	0	1	0	1	5
3	0	0	1	1	0	1	1	0	0	0	1	1	0	1	1	0	6
4	0	1	0	0	1	0	0	1	0	1	1	1	1	0	0	1	9
5	0	1	0	1	1	0	0	1	0	0	1	1	1	0	0	0	8
6	0	1	1	0	1	0	1	0	0	1	1	1	1	1	0	1	13
7	0	1	1	1	1	0	1	0	0	0	1	1	1	1	1	0	14
8	1	0	0	0	0	1	0	1	1	1	0	0	0	0	1	0	2
9	1	0	0	1	0	1	0	1	1	0	0	0	0	0	1	1	3
10	1	0	1	0	0	1	1	0	1	1	0	0	0	1	0	0	4
11	1	0	1	1	0	1	1	0	1	0	0	0	0	1	1	1	7
12	1	1	0	0	1	0	0	1	1	1	0	0	1	0	1	0	10
13	1	1	0	1	1	0	0	1	1	0	0	0	1	0	1	1	11
14	1	1	1	0	1	0	1	0	1	1	0	0	1	1	0	0	12
15	1	1	1	1	1	0	1	0	1	0	0	0	1	1	1	1	15

Daraus ergibt sich das folgende vollständige Zustandsdiagramm:

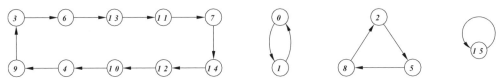

Abb. 192: *Zustandsdiagramm zu Aufgabe 4.3*

Das Zustandsdiagramm enthält offensichtlich nebst dem Hauptzyklus noch zwei parasitäre Zyklen sowie einen Fixpunkt.

Aufgabe 4.4

Gesucht ist eine synchrone Schaltung zur Steuerung einer Verkehrsampel. Die Schaltung habe einen Takteingang T und die drei Ausgänge ROT, GELB und GRUEN. Hierbei soll für ROT = 1 die rote Lampe leuchten usw. Die Schaltfolge der Ampel sei grün - gelb - rot - rot/gelb - grün - gelb - rot - ... . Es stehen JK-Flip-Flops und NAND-Glieder zur Verfügung.

Lösung:

Da die Schaltfolge vier Zustände aufweist, können wir mit einem 2-Bit-Zähler für den natürlichen Binärcode beginnen. Seine Ausgänge müssen dann noch für die Ausgänge ROT, GELB und GRUEN umcodiert werden.

Wahrheitstabelle für die Codierung der Ausgänge:

Z1	Z0	ROT	GRUEN	GELB
0	0	0	1	0
0	1	0	0	1
1	0	1	0	0
1	1	1	0	1

Für die Zählerlogik und die Ausgangssignale erhalten wir:

J1 = K1 = Z0   und   **J0 = K0 = 1**

ROT   = Z1
GELB   = Z0
GRUEN = !Z1 & !Z0 = !(!(!Z1 & !Z0))   { NAND-Glieder }

Diese Lösung kommt mit zwei IC's aus (1 x 74107 und 1 x 7400). Es sind aber auch andere Lösungen denkbar, z.B. eine mit drei Flip-Flops, wo jeder Farbe ein Flip-Flop-Ausgang entspricht. Diese Lösungen sind aber aufwändiger als die hier gezeigte.

Aufgabe 4.5

Man entwerfe einen synchronen Zähler mit D-Flip-Flops, der gemäss dem nachstehenden Zustandsdiagramm arbeitet (A=MSB, C=LSB). Verlangt sind die Schaltfunktionen D_i.

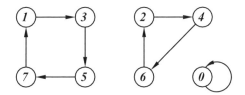

Abb. 193: *Zustandsdiagramm für Aufgabe 4.5*

Lösung:

Mit Hilfe der Zählertabelle und unter Verwendung von Karnaugh-Diagrammen erhalten wir die folgenden vereinfachten Schaltfunktionen:

```
DA   = (A & !B) # (!A & B) = A $ B
DB   = (A & !C) # (!B & C)
DC   = C
```

Aufgabe 4.6

*Gesucht ist ein **asynchroner** Zähler (3 Bits) mit negativ flankengetriggerten JK-Flip-Flops, der im Gray-Code rückwärts zählt.*

Lösung:

Es liegt im Wesen des Gray-Codes, dass beim Übergang von einem Zustand in den nächstfolgenden immer nur genau ein Bit seinen Wert ändert. Eine Analyse zeigt, dass es deshalb nicht möglich ist, den Takt für die einzelnen Flip-Flops von den Ausgängen der anderen Flip-Flops abzunehmen. Alle Flip-Flops brauchen notwendigerweise den

Systemtakt, was dann zwangsläufig zu einem **synchronen** Zähler führt. Offenbar ist es nicht immer möglich, für ein bestimmtes Zählproblem einen asynchronen Zähler zu entwickeln.

Aufgabe 4.7

Man entwickle eine synchrone Schaltung, die aus dem Eingangssignal X das Ausgangssignal Y produziert.

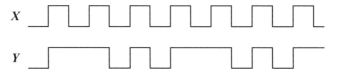

Abb. 194: *Signalverläufe zu Aufgabe 4.7*

Hinweis: *Man überlege sich die Periodendauer des Ausgangssignales und entwickle einen entsprechenden Zähler. Kann der Ausgang direkt durch einen Flip-Flop-Ausgang gebildet werden (Voraussetzungen dafür)?*

Lösung:

Da die kleinste Pulsdauer beim Ausgangssignal gleich der Pulsdauer des Eingangssignals ist, kann das Letztere nicht als Taktsignal für einen Zähler verwendet werden, der das gewünschte Ausgangssignal an einem Flip-Flop-Ausgang zur Verfügung stellt (ein Flip-Flop kann ja nur entweder bei einer steigenden oder einer fallenden Taktflanke seinen Zustand ändern). Wir können aber mit dem Eingangssignal einen Zähler takten und die Ausgangssignale mit dem Eingangssignal kombinatorisch so verknüpfen, dass das gewünschte Ausgangssignal resultiert. Die Periodendauer des Ausgangssignals beträgt 3 Perioden des Eingangssignals, also müssen wir einen Zähler mit drei Zuständen entwickeln, z.B. einen Binärzähler mit dem Zyklus 0 - 1 - 2 - 0 - ... . Für die Zählertabelle erhalten wir bei Verwendung von JK-Flip-Flops:

A	B	JA	KA	JB	KB
0	0	0	X	1	X
0	1	1	X	X	1
1	0	X	1	0	X
0	0				

Daraus erhalten wir für die Zählerlogik:

JA = B   KA = 1   JB = !A   KB = 1

Der nicht im Zyklus vorkommende Zustand A = B = 1 geht in den Zustand A = B = 0 über; der Zähler weist keinen parasitären Zyklus und keinen Fixpunkt auf. Wenn wir negativ flankengetriggerte JK-Flip-Flops einsetzen, so erhalten wir den folgenden zeitlichen Verlauf der Signale:

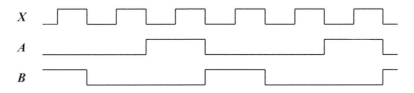

Abb. 195: Verlauf der Zählersignale (Aufgabe 4.7)

Aus diesen Signalen kann nun mit Hilfe einer kombinatorischen Logik das Ausgangssignal gewonnen werden:

X	A	B	Y
0	0	0	1
1	0	0	1
0	1	0	1
1	1	0	0
0	0	1	1
1	0	1	0

Für das Ausgangssignal Y erhalten wir als vereinfachte disjunktive Form:

Y = !X # (!A & !B)

Die Zuordnung des Ausgangssignals zur linken Seite der Wahrheitstabelle ist willkürlich; bei Wahl einer anderen Zuordnung könnte man möglicherweise eine einfachere Logik erhalten.

Aufgabe 4.8

Gesucht ist das vollständige Zustandsdiagramm des nachstehenden synchronen Zählers.

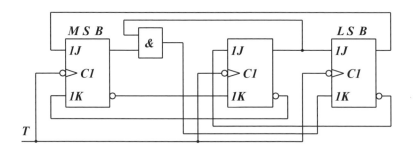

Abb. 196: *Synchroner Zähler (Aufgabe 4.8)*

Lösung:

Aus dem Schema entnehmen wir die folgende Zählerlogik:

JA = C, KA = !B, JB = !C, KB = !A, JC = B, KC = A & B

Dabei gilt A = MSB, C = LSB. Damit können wir eine vollständige Zählertabelle aufstellen:

Z	A	B	C	JA	KA	JB	KB	JC	KC	A^*	B^*	C^*	Z^*
0	0	0	0	0	1	1	1	0	0	0	1	0	2
1	0	0	1	1	1	0	1	0	0	1	0	1	5
2	0	1	0	0	0	1	1	1	0	0	0	1	1
3	0	1	1	1	0	0	1	1	0	1	0	1	5
4	1	0	0	0	1	1	0	0	0	0	1	0	2
5	1	0	1	1	1	0	0	0	0	0	0	1	1
6	1	1	0	0	0	1	0	1	1	1	1	1	7
7	1	1	1	1	0	0	0	1	1	1	1	0	6

Das führt auf das folgende vollständige Zustandsdiagramm:

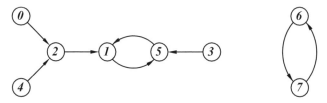

Abb. 197: *Zustandsdiagramm des Zählers von Aufgabe 4.8*

Aufgabe 4.9

Welche besonderen Probleme können in asynchronen Zählern bei Verwendung von JK-Master-Slave-Flip-Flops auftreten?

Lösung:

Ein JK-Master-Slave-Flip-Flop übernimmt die zum Zeitpunkt der steigenden Taktflanke an den JK-Eingängen anliegenden Informationen in den Master. Da bei einem asynchronen Zähler ein Flip-Flop unter Umständen nur wenige Taktimpulse erhält, können das also bereits recht „alte" Informationen sein. Beim Entwurf der Schaltfunktionen muss man also sehr genau untersuchen, zu welchem Zeitpunkt die Daten in das Flip-Flop eingelesen werden. Der Zählerentwurf wird dadurch sehr unübersichtlich und fehleranfällig. Man sollte deshalb bei asynchronen Zählern grundsätzlich mit flankengetriggerten Flip-Flops arbeiten!

Aufgabe 5.1

Man entwerfe die Logik für ein 3-Bit-Schieberegister, dessen Schieberichtung umschaltbar sein soll. Die Realisierung soll mit D-Flip-Flops und beliebigen logischen Gliedern erfolgen.

Lösung:

Betrachten wir z.B. das mittlere Flip-Flop. Sein D-Eingang muss je nach Schieberichtung entweder mit dem Ausgang des ersten oder mit dem Ausgang des dritten Flip-Flops verbunden werden. Man benötigt also pro Flip-Flop einen Multiplexer mit zwei Eingängen, der mit ein paar NAND-Gliedern realisiert werden kann. Das führt dann auf die Schaltung von Abbildung 198. M = 0 bedeutet dabei "Schieben nach rechts", M = 1 entsprechend "Schieben nach links".

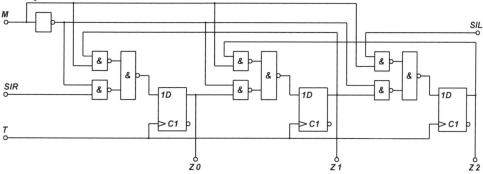

***Abb. 198:** 3-Bit-Schieberegister (Aufgabe 5.1)*

Aufgabe 5.2

Gesucht ist der zeitliche Verlauf des Ausgangssignals des EX-OR-Gliedes beim linearen 4-Bit-Schieberegister von Seite 101. Zu Beginn sei das Schieberegister im Zustand 1.

Lösung:

Der Vergleich des auf Seite 101 gezeigten Zustandsdiagramms mit dem allgemeinen Zustandsdiagramm eines rückgekoppelten Schieberegisters (Seite 95) zeigt, welche Werte nacheinander in das Schieberegister eingeschoben werden. Man erhält daraus das folgende Zeitdiagramm:

Abb. 199: *Zeitlicher Verlauf des Ausgangssignals (Aufgabe 5.2)*

Aufgabe 5.3

Man zeichne das vollständige Zustandsdiagramm für den korrigierten Johnson-Zähler, wie er auf Seite 100 dargestellt ist.

Lösung:

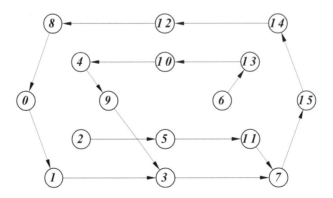

Abb. 200: *Korrigierter Johnson-Zähler (Aufgabe 5.3)*

Aufgabe 5.4

Man entwerfe die Rückführlogik eines rückgekoppelten Schieberegisters, das den Zyklus 0 - 1 - 2 - 5 - 11 - 7 - 15 - 14 - 13 - 10 - 4 - 8 - 0 - 1 - ... durchlaufen soll. Verlangt ist neben der Logik auch das vollständige Zustandsdiagramm.

Lösung:

Mit Hilfe des allgemeinen Zustandsdiagramms können wir die für den vorgeschriebenen Zyklus neu einzulesenden Werte bestimmen und in das nachstehende Karnaugh-Diagramm eintragen.

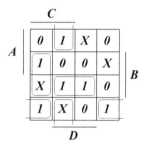

Abb. 201: Karnaugh-Diagramm zu Aufgabe 5.4

Für die Rückführlogik erhalten wir daraus die vereinfachte disjunktive Form:

$$X = (B \& C \& !D) \# (!B \& C \& D)$$
$$\# (!A \& B \& D) \# (!A \& !B \& !D)$$

Es gibt auch alternative Lösungen, die aber nicht zu einer einfacheren Logik führen. Zur Vervollständigung des Zustandsdiagramms brauchen wir nur noch die Zustände mit X im Karnaugh-Diagramm zu betrachten. Ist ein X in einem Block enthalten, so ist der aktuelle Wert 1, andernfalls ist er 0. Also braucht man nur noch den entsprechenden Übergang aus dem allgemeinen Zustandsdiagramm auszuwählen.

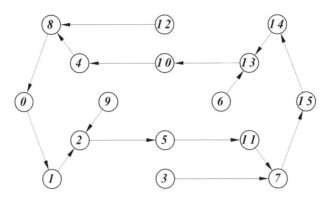

Abb. 202: Zustandsdiagramm zu Aufgabe 5.4

Aufgabe 5.5

Gesucht ist das vollständige Zustandsdiagramm eines rückgekoppelten 4-Bit-Schieberegisters, bei dem an den seriellen Eingang das Signal X = !(Z2 # Z3) angelegt wird.

Lösung:

Unter der Annahme, dass Z3 das MSB bezeichnet, ist das Signal X nur in den Zuständen 0, 1, 2 und 3 gleich 1. In allen anderen Fällen ist X = 0. Damit können wir wieder das Zustandsdiagramm aus dem allgemeinen Zustandsdiagramm ableiten und erhalten das folgende Resultat:

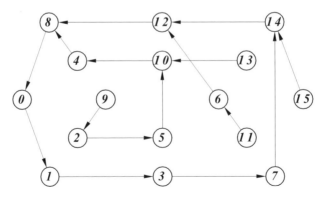

Abb. 203: Zustandsdiagramm zu Aufgabe 5.5

Aufgabe 6.1

Ein Impulsgenerator soll nach dem Auftreten eines Startsignals S einen einmaligen Ausgangsimpuls liefern, dessen Dauer in Abhängigkeit von zwei Eingangsgrössen E1 (= MSB) und E0 (= LSB) zwischen 0 und 3 Taktperioden betrage. Man entwerfe das Zustandsdiagramm eines Moore-Automaten, der diese Anforderungen erfüllt.

Lösung:

Es gibt hier verschiedene Möglichkeiten, um ein Zustandsdiagramm zu entwerfen. Man könnte einerseits einen vollen Zyklus mit vier Zuständen vorsehen, der beim Eintreten des Startsignals durchlaufen wird und den Zyklus je nach Wert der Eingangssignale E1 und E0 vorzeitig abbrechen. Eine zweite, etwas elegantere Lösung springt je nach Wert der Eingangssignale zu einem anderen Zustand und beendet dann den Zyklus ohne Beachtung der Eingänge. Diese zweite Lösung ist im folgenden Zustandsdiagramm gezeigt.

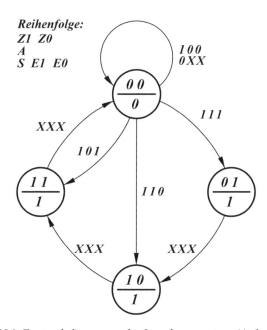

Abb. 204: Zustandsdiagramm des Impulsgenerators (Aufgabe 6.1)

Aufgabe 6.2

Ein Fussgängerstreifen werde durch ein Lichtsignal gesichert. Im Normalfall habe der Strassenverkehr "Grün". Nach Drücken einer Taste soll das Lichtsignal auf "Gelb" wechseln (Fussgänger noch auf "Rot"), anschliessend auf "Rot" für den Strassenverkehr und "Grün" für die Fussgänger. Die Grünphase für die Fussgänger soll dreimal so lange dauern wie die Gelbphase für die Autos. Danach sollen die Fussgänger "Gelb" erhalten (Autos noch "Rot"), und abschliessend soll mit "Rot" für die Fussgänger und "Gelb-Rot" für die Autos wieder in den Normalzustand zurückgekehrt werden. Verlangt wird das Zustandsdiagramm für einen Moore-Automaten.

Lösung:

In diesem Beispiel besteht die Schwierigkeit darin, dass die eine Phase dreimal so lange dauern muss wie die anderen (die Ausgänge wechseln während dieser Zeit ihren Zustand nicht). Man muss deshalb einige Zustände zusätzlich einführen, die dann alle die gleichen Ausgangssignale zur Folge haben. Im folgenden Zustandsdiagramm ist das deutlich erkennbar; in einem solchen Fall kommt man nicht ohne Weiteres ohne die Markierungsfunktion μ aus.

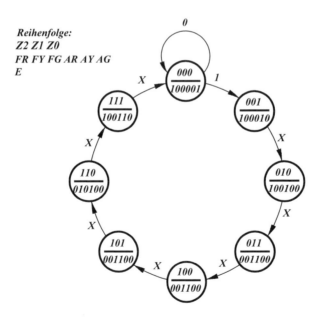

Abb. 205: *Zustandsdiagramm für eine Ampel (Aufgabe 6.2)*

Aufgabe 9.1

Die folgenden Funktionen sollen so realisiert werden, dass kein logischer 0-Hasard oder 1-Hasard entsteht. Y=A&C # !A&B   Z=B&!C # !A&C

Lösung:

Y=A&C # !A&B # !B&C
Z=B&!C # !A&C # !A&B

Aufgabe 9.2

Die folgenden Funktionen sollen so realisiert werden, dass kein logischer 0-Hasard oder 1-Hasard entsteht. Y=B&C # !A&!C&D   Z=B&C # !A&!C&D # A&!B&D

Lösung:

Y=B&C # !A&!C&D # !A&B&D
Z=B&C # !A&!C&D # A&!B&D # !A&B&D # A&C&D # !B&!C&D

Aufgabe 10.1

Beschreibe das Verhalten des in Kapitel 6 besprochenen Getränke-Automaten (Automat nach Mealy) in VHDL.

Lösung:

Es sind natürlich auch hier verschiedene Lösungen denkbar (entsprechend dem Sprachumfang von VHDL); eine solche Lösung sei hier als Beispiel dargestellt:

```
entity drink is port (
   clk:        in  bit;
   e:          in  bit_vector (2 downto 0);
   O0,O1,O2:   out bit );
end drink;

architecture archdrink of drink is

signal state: bit_vector (1 downto 0);
constant F0: bit_vector (1 downto 0):="00";
constant F1: bit_vector (1 downto 0):="01";
constant F2: bit_vector (1 downto 0):="10";
constant F3: bit_vector (1 downto 0):="11";
```

```
constant I1: bit_vector (2 downto 0):="001";
constant I2: bit_vector (2 downto 0):="010";
constant IA: bit_vector (2 downto 0):="011";
constant IG: bit_vector (2 downto 0):="100";

begin
d: process (clk)
   begin
     if (clk'event and clk='1') then
       case state is
         when F0 => if    e=I1 then state <= F1;
                    elsif e=I2 then state <= F2;
                    else             state <= F0;
                    end if;
         when F1 => if    e=I1 then state <= F2;
                    elsif e=I2 then state <= F3;
                    elsif e=IG then state <= F0;
                    else             state <= F1;
                    end if;
         when F2 => if (e=IA or e=IG) then state <= F0;
                    else                   state <= F2;
                    end if;
         when F3 => if (e=IA or e=IG) then state <= F0;
                    else                   state <= F3;
                    end if;
       end case;
     end if;
   end process;
   O1 <='1' when   ((state=F1 and e=IG)
                 or (state=F2 and e=I1)
                 or (state=F3 and (e=I1 or e=IA or e=IG)))
            else '0';
   O2 <='1' when   ((state=F2 and (e=I2 or e=IG))
                 or (state=F3 and (e=I2 or e=IG)))
            else '0';
   OD <='1' when   ((state=F2 and e=IA)
                 or (state=F3 and e=IA))
            else '0';
end archdrink;
```

Der gemäss dieser VHDL-Beschreibung realisierte Automat passt übrigens in einen Baustein GAL16V8. Zusätzlich müssten noch, wie bereits in Kapitel 6 erwähnt, die Eingangssignale codiert und synchronisiert werden.

Literaturverzeichnis

Die hier angegebenen Werke sind nur eine kleine Auswahl aus der reichhaltigen Literatur über die Digitaltechnik.

[1] A. Shah, M. Saglini, Ch. Weber: Integrierte Schaltungen in digitalen Systemen (2 Bände). Birkhäuser, Basel 1977.
Schon älteres, aber immer noch lesenswertes Werk.

[2] E. Kühn: Handbuch TTL- und CMOS-Schaltkreise. Hüthig, Heidelberg 1985.

[3] M. Seifart: Digitale Schaltungen und Schaltkreise. Hüthig, Heidelberg 1982.

[4] P. Misiurewicz, M. Grzybek: TTL-Halbleiterschaltungen. Franzis, München 1982.

[5] W. Jutzi: Digitalschaltungen. Springer, Berlin 1995.
Guter Überblick über die in digitalen Schaltungen verwendete Halbleiterschaltungstechnik; setzt gute Elektronik-Kenntnisse voraus.

[6] D. Pellerin, M. Holley: Practical Design Using Programmable Logic. Prentice Hall, Englewood Cliffs 1991.
Eine leichtverständliche Einführung in alle Bereiche der programmierbaren Logik, allerdings ohne grossen Praxisbezug.

[7] K. Skahill: VHDL for Programmable Logic. Addison-Wesley, Menlo Park 1996.
Dieser reichhaltigen und gut lesbaren Einführung in VHDL liegt der zitierte VHDL-Compiler WARP2 auf CD-ROM bei.

[8] G. Lehmann, B. Wunder, M. Selz: Schaltungsdesign mit VHDL. Franzis, München 1994.

[9] K. ten Hagen: Abstrakte Modellierung digitaler Schaltungen. Springer, Berlin 1995.
Dieses Buch ist fortgeschrittenen VHDL-Benutzern zu empfehlen.

[10] IEC-Norm 617-12: Binäre Elemente.
In dieser Norm sind die Symbole für digitale Elemente festgelegt. Das Normenheft (erhältlich bei den nationalen Normenstellen, in der Schweiz beim Schweizerischen Elektrotechnischen Verein) enthält auch eine Einführung in den richtigen Gebrauch der Norm.

Stichwortregister

ABEL 153
Abhängigkeits-Notation 64
Addierschaltung 46
AND-Verknüpfung 16
Änderungsdetektor 114
Anregungstabelle 83
Antivalenz 19
Äquivalenz 19
Architecture 174
ASCII-Code 42
Assoziativgesetze 22
asynchron 64
Asynchrone Zähler 82
Ausgangslogik 108, 117
Ausgangsvektor 107, 117
Automaten 106
    autonome 106
    Mealy-Automat 117
    Moore-Automat 107
Automatentabelle 122
BCD-Code 43
BCD-Zahl 37
benachbarte Terme 31, 32
Binärcode
    natürlicher 43, 71
Binärsystem 3
Binärzähler 81
Bit 4
Block
    Karnaugh-Diagramm 35
Boole, George 20
Boolesche Algebra 20
Byte 4
Clear 64, 67
Code 42, 71
    ASCII 42
    BCD-Code 43
    Binärcode 43
    einschrittiger 43
    Excess-3-Code 43
    gewichteter 43
    Gray-Code 43
    Stiebitz-Code 43
    zyklischer 44
Code-Wandler 101
Complex Programmable Logic Device
    . . . . s148
CPLD 148
CUPL 153
D-Flip-Flop 61
    flankengetriggert 61, 67
    taktzustandsgesteuert 61
D-Latch 61, 66
Data Lockout 67
de Morgan 23
de Morgansche Inversionsgesetze . 23
Dekadenzähler 80
    asynchron 83
DIN-Symbole 227
Disjunktion 17
disjunktive Form 33
Distributivgesetze 23
Don't care 37
EEPROM 129
Eingangsvektor 107, 117
Electrically Erasable Programmable
    Read Only Memory 129
Enable 66, 136
Entity 173
EPROM 129
Erasable Programmable Read Only Memory 129
Erstlings-Melder 68
EX-NOR-Funktion 19
EX-OR-Funktion 19, 103
Excess-3-Code 43

Field Programmable Gate Array 149
Fixpunkt 75
flankengetriggert 59
Flip-Flop 53
    Abhängigkeits-Notation 64
    flankengetriggert 59, 67
    JK-Flip-Flop 62
    Master-Slave 58, 66
    nicht transparent 92
    pulsgetriggert 59, 66
    taktzustandsgesteuert 57, 66
    transparent 58, 61
    ungetaktet 66
FPGA 149
Frequenzverdoppler 115
Funktionsbeschreibung 174
GAL 136
GAL-Architektur 136
GAL16V8 137
GAL22V10 146
Generic Array Logic 135
Gray-Code 43
Hauptzyklus 75, 97
I/O-Zellen 149
IEC-Symbole 225
Impulse
    Synchronisation 113
Inversion 16
Inversionsgesetze 26
JEDEC-Datei . . . 144, 152, 159, 160
JK-Flip-Flop 62
    flankengetriggert 67
    Master-Slave 66
    pulsgetriggert 66
Johnson-Zähler 100
Karnaugh, Maurice 33
Karnaugh-Diagramm 32, 33, 35
kombinatorische Logik 15
Kommutativgesetze 22
Konjunktion 17
Konsensus 40
Kontakt-Entprellung 67

Latch 61, 66
LOG/iC 163
Logik
    kombinatorische 72, 128
    Programmierbare Logik 128
    sequentielle 71
Logik-Zellen 149
LSB 4
Markierungsfunktion 108
Master-Slave Flip-Flop 58
Maxterm 28
Mealy-Automat 117
Minterm 25, 33, 128
    gleichgültige 26, 37, 41
    gute 26, 32, 41
    schlechte 26
Minterm-Primterm-Tabelle 41
Möbius-Zähler 100
Modulo-2-Addition 19
Monoflop 113
    synchron 114
Moore-Automat 107
MSB 4
Multiplexer 47, 142
Multivibrator
    bistabiler 53
    monostabiler 113, 114
NAND-Funktion 18
Negation 16
NOR-Verknüpfung 18
Normalform
    disjunktive 25, 26, 40
    konjunktive 27
Normierschaltung 116
NOVA 189
OLMC 137, 141
OR-Verknüpfung 16
OrCAD 153
Output Logic Macro Cell . . 137, 141
PAL 131
PALASM 133
Parallelregister 91

Stichwortregister

parasitärer Zyklus 75
PLA 133
Power On Reset 116
Prellen
    von Kontakten 67
Preset 64, 67
Primimplikant 36
Primterm 36, 41
    notwendige 39
Product Term Disable 142
Programmable Array Logic 130
Programmable Logic Array 133
Programmable Read Only Memory
    129
Programmierbare Logik 128
Programmiergeräte 159, 160
Programmierung von PLDs 158
PROM 129
propagation delay time 56
pseudo random sequencer 103
Pseudo-Ringzähler 100
Pseudo-Tetraden 37
Pseudozufalls-Registern 103
PTD 142
QMC-Verfahren 40, 41
Quine/McCluskey
    Verfahren von 39
RAM 128
Random Access Memory 128
Read Only Memory 129
Register 91
Reset 54, 63
Ringzähler 96
    selbstkorrigierender 97
ROM 129
RS-Flip-Flop 54
    flankengetriggert 59
    Master-Slave 58
    pulsgetriggert 59
    taktzustandsgesteuert 57
    ungetaktet 54, 66
    zur Entprellung 67

Rücksetzen 54, 63
Schaltalgebra 20
Schaltungsentwurf
    rechnerunterstützt 152, 162
Schieberegister 91
    Grundschaltung 92
    lineare 102
    rückgekoppelte 95
    universelle 93
Schnittstellenbeschreibung 173
Serienregister 91
Set 54, 63
Setzen 54, 63
Shannon, Satz von 23
shift register 92
Speicherzustand 54
state diagram 75
Steuerlogik 108
Stiebitz-Code 43
Strobe 48
Symbole
    DIN 227
    DIN-Symbole 227
    IEC 225
    IEC-Symbole 225
    USA 227
    USA-Symbole 227
Synchrone Zähler 72
Synchronisation von Impulsen .. 113
Synchronisierschaltungen 113
Synthese
    von Zählern 72
Takttabelle 83
Taktumschalter 115
Terme, benachbarte 31, 32
Toggle-Betrieb 63
Tri-State-Ausgängen .. 66, 136, 191
TTL-Technik 30
Übergangstabelle 73, 83
Vektor 107
Venn-Diagramm 3, 32
Vereinfachungsgesetze 23

Verzögerungszeit 56
VHDL 154, 163, 173
   Sensitivity List 181
   Addier-Operatoren 178
   Assoziations-Operator 178
   Aufzählungstyp 177
   Behavioral Description 180
   Binärzähler 193
   bit 176
   bit_vector 176
   CASE 184
   concurrent statements 180
   Daten-Objekte 175
   Daten-Typen 176
   Entity 179
   Identifier, Bezeichner 174
   IF ... ELSIF 183
   Kommentare 175
   Konstanten 175
   Logische Operatoren 177
   mode 179
   nebenläufige Anweisungen . 180
   Operatoren 177
   Prozesse 181
   Relationale Operatoren 178
   Signale 175
   Simulationsprogramm 189
   Structural Description 180
   Strukturbeschreibung 180
   type 179
   Variablen 175
   Verhaltensbeschreibung 180
   WHEN ... ELSE 182

WITH ... SELECT 183
   Zuweisungs-Operatoren 178
VHDL-Schaltungsbeschreibung . 173
Vierphasentakt 98
Wahrheitstabelle 2, 28
   unvollständige 36, 41
   vollständig 24
Word 4
Würfel 72
Zähler 71, 106
   asynchron 71, 82
   Binärzähler 81
   Dekadenzähler 80
   Johnson-Zähler 100
   Möbius-Zähler 100
   Pseudo-Ringzähler 100
   Ringzähler 96
   synchron 71, 72, 81
Zählertabelle 73
Zustand 71, 75
   innerer 107
Zustandsautomat 108
Zustandsdiagramm 75, 95, 110
   Mealy-Automat 119
Zustandsfolge-Tabelle 108, 122
Zustandsfolgen 95
Zustandstabelle 83
Zustandsübergangsfunktion 108, 109
Zustandsvektor 107
Zyklus
   parasitärer 75

Im gleichen Verlag erschienen:

THOMAS MÜLLER, HANS KÄSER, ROLF GÜBELI, ROLF KLAUS

TECHNISCHE INFORMATIK I
GRUNDLAGEN DER INFORMATIK UND ASSEMBLERPROGRAMMIERUNG
VDF LEHRBÜCHER UND SKRIPTEN

2., korrigierte Auflage 2005, 360 Seiten, zahlreiche grafische Darstellungen, Format 17 x 24 cm, broschiert, ISBN 3 7281 3001 X

Nicht nur Personal Computer, auch viele andere Geräte des täglichen Lebens (Fax, CD-Spieler, Natel etc.) wären ohne integrierte Rechner nicht realisierbar, deren Software oft auf raffinierten Methoden zur Fehlererkennung, Fehlerkorrektur und Datenkompression basiert.

In diesem Band werden zunächst die technischen Grundlagen der Informatik und anschliessend exemplarisch – anhand des Prozessors 8086 – die wichtigsten Konzepte einer Assembler-Sprache behandelt. Mit der Assemblereinführung sollen primär das Grundverständnis für die Funktionsweise eines Prozessors vermittelt werden und erst in zweiter Linie programmiertechnische Fähigkeiten. Weiter wird systematisch gezeigt, wie sich die wichtigsten Grundablaufstrukturen und die Datentypen Hardware-nah realisieren lassen. Durch die Codierung in Assembler wird ersichtlich, welche Funktionen die Prozessor-Hardware direkt leisten kann und was vom Compiler als Code generiert wird.

ROLF GÜBELI, HANS KÄSER, ROLF KLAUS, THOMAS MÜLLER

TECHNISCHE INFORMATIK II
MIKROPROZESSOR-HARDWARE UND PROGRAMMIERTECHNIKEN
VDF LEHRBÜCHER UND SKRIPTEN

2004, 248 Seiten, zahlreiche grafische Darstellungen, Format 17 x 24 cm, broschiert, ISBN 3 7281 2919 4

In diesem Band werden die zwei Themenbereiche Mikroprozessor-Hardware und Software-Entwicklungsmethodik vertieft. Der Hardwareteil behandelt grundlegende Prozessorarchitekturen, den Aufbau des Prozessors 80C186 mit seinem Systembus, die Interrupt-Technik und den Anschluss von Speicher und Peripheriegeräten (Interfacing). Im Softwareteil wird die modulare Programmierung behandelt, im Kapitel State-Event-Technik die SDL-Darstellung eingeführt und an alltäglichen Beispielen wie einem Billetautomaten oder einer Waschmaschine erläutert. In einem weiteren Kapitel wird die Schnittstelle von Assembler zu Hochsprachen wie C und Pascal besprochen.

Im gleichen Verlag erschienen:

Rolf Klaus

Der Mikrokontroller C167

2., überarbeitete Auflage 2005, 296 Seiten, Format 17 x 24 cm, broschiert
ISBN 978 3 7281 3030 3

Das Buch behandelt den Mikrokontroller C167, der die Basis für eine grosse Zahl von Nachfolgeprodukten ist.

Die Publikation richtet sich an Studierende und Ingenieure, welche ihr Wissen auf diesem Gebiet vertiefen wollen. Der Aufbau, die Funktionsweise und die Programmierung des Mikrokontrollers C167 werden erklärt und anhand von Beispielen veranschaulicht. Viele Übungen mit ausführlichen Lösungen in Assembler und C dienen der Lernkontrolle.

Rolf Klaus

Die Mikrokontroller 8051, 8052 und 80C517

2., überarbeitete und erweiterte Auflage 2001, 256 Seiten, Format 17 x 24 cm, broschiert,
ISBN 3 7281 2796 5

Der Einsatz der Computertechnik nimmt seit Jahren in allen Bereichen stark zu. Sichtbarer Beweis sind die rasanten Veränderungen im Bereich der Personal Computer. Weniger gut sichtbar, aber genauso wichtig sind die Mikrokontroller, die in Geräte integriert sind und deren Funktionen steuern. Geräte des täglichen Lebens wie Waschmaschinen, Billetautomaten, Tanksäulen, Bankomaten usw. sind heute ohne integrierte Mikrokontroller undenkbar.

Das Buch behandelt den Aufbau und die Programmierung der Mikrokontroller 8051, 8052 und 80C517, die weltweit in riesigen Stückzahlen eingesetzt werden und deren Architektur die Basis für eine grosse Zahl von Nachfolge-Produkten ist.

Die Publikation richtet sich an Studierende und Ingenieure, die ihr Wissen auf diesem Gebiet vertiefen wollen.

Im gleichen Verlag erschienen:

KAROL FRÜHAUF, JOCHEN LUDEWIG, HELMUT SANDMAYR
SOFTWARE-PRÜFUNG

*6., überarbeitete und aktualisierte Auflage 2007, 176 Seiten, Format 17 x 24 cm, broschiert
zahlreiche grafische Darstellungen und Tabellen, ISBN 978-3-7281-3059-4*

Die Prüfung der Software – nicht nur des Codes, sondern auch aller Dokumente – ist nach der systematischen Entwicklung die wichtigste Voraussetzung, um gute Software-Produkte zu schaffen. Daran hat sich seit der ersten Auflage dieses Buches im Jahre 1991 nichts geändert, seit der gründlichen Überarbeitung für die fünfte Auflage im Jahre 2003 erst recht nicht.

Unser Thema hat durch die Lancierung des Zertifizierungsschemas für Software-Tester in den letzten Jahren eine grössere Öffentlichkeit erhalten. In Deutschland vom German Testing Board e.V. (GTB) und in der Schweiz vom SAQ Swiss Testing Board (STB) erteilte Zertifikate basieren auf dem innerhalb des International Software Testing Qualifications Board (ISTQB) abgestimmten Schema. Mit der Überarbeitung für diese Auflage haben wir die wenigen Lücken gegenüber dem Lehrplan des Basiszertifikats (Foundation Level), die wir finden konnten, geschlossen. Was über den Lehrplan hinaus geht, haben wir, soweit wir es weiterhin für gut und gültig halten, nicht gestrichen.

Die grundlegenden Aussagen zur Software-Prüfung haben Bestand. Wir vermitteln sie in dieser 6. Auflage mit weniger Lücken und (hoffentlich) weniger Fehlern als zuvor. Das Buch wendet sich noch immer an die Praktiker. Wenn sie die Inhalte erlernen, können sie sich zertifizieren lassen. Wenn sie die Inhalte beherzigen, können sie ihren Unternehmen mehr Nutzen bringen und haben auch selbst mehr von der Arbeit: Kompetent verrichtete Arbeit führt zum Erfolg, und der macht Spass.

KAROL FRÜHAUF, JOCHEN LUDEWIG, HELMUT SANDMAYR
SOFTWARE-PROJEKTMANAGEMENT UND -QUALITÄTSSICHERUNG

*4., durchgesehene Auflage 2002, 176 Seiten, Format 17 x 24 cm, broschiert
zahlreiche Tabellen und grafische Darstellungen, ISBN 978-3-7281-2822-5*

Dies ist die mit kleinen Korrekturen versehene vierte Auflage dieses Buchs, das für die dritte Auflage vollständig überarbeitet wurde. Leserinnen und Leser einer früheren Auflage könnten den Eindruck gewinnen, am Buch sei nur der Titel gleich geblieben. Das stimmt nicht ganz.

Gestützt auf die Erkenntnis, dass die Projektführung in der Praxis grosse Schwierigkeiten bereitet, wurden vor allem die Kapitel "Der Einstieg ins Projekt" und "Projekt-Controlling" ausgebaut. Die verschiedenen Sichten der Planung und die Mechanismen der objektiven Fortschrittskontrolle sind präziser und anwendungsfreundlicher dargestellt. Dem Projektleiter steht neu die Rolle des Projekteigentümers zur Seite; das Fehlen oder die Fehlbesetzung dieser Rolle ist eine der häufigen Ursachen von Problemen mit Software-Projekten. Komplett neu geschrieben ist das Kapitel "Qualitätsmanagement". War das Thema für Softwarefirmen zu Zeiten der ersten Auflage vor gut zehn Jahren noch Neuland, wird es heute fast als aussterbende Spezies gehandelt. In dem Kapitel wird das Unmögliche versucht: diesem Trend sowohl Rechnung zu tragen als auch ihm zu trotzen.

Die Themen "Freigabewesen – Meilensteine", "Software-Prüfungen und Metriken", "Konfigurationsmanagement" und "Projektabschluss" sind inhaltlich aufgefrischt, aber vom Umfang her gleich geblieben. Trotz engerem Satz resultiert ein Mehr von 50 Seiten; dies hauptsächlich wegen der beinahe doppelt so vielen Abbildungen – die Autoren hoffen, die Aussagekraft des Buchs in ähnlichem Mass erhöht zu haben.